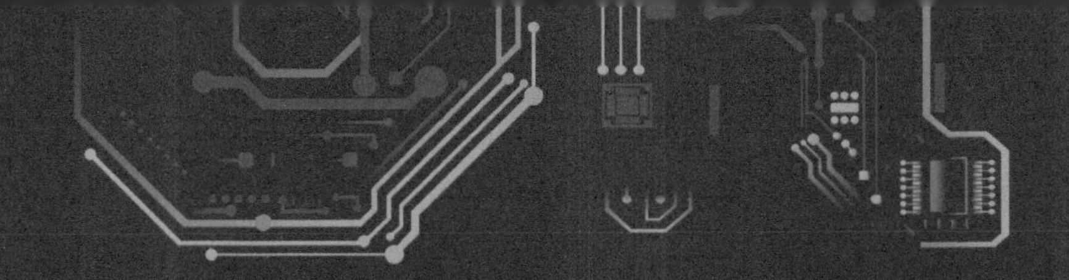

VR虚拟现实与AR增强现实
的技术原理与商业应用

苏 凯　赵苏砚◎著

VIRTUAL REALITY AUGMENTED REALITY

人 民 邮 电 出 版 社

北 京

图书在版编目（CIP）数据

VR虚拟现实与AR增强现实的技术原理与商业应用 / 苏凯，赵苏砚著. -- 北京 : 人民邮电出版社, 2017.3（2022.9重印）
ISBN 978-7-115-44772-2

Ⅰ. ①V… Ⅱ. ①苏… ②赵… Ⅲ. ①计算机仿真－研究 Ⅳ. ①TP391.9

中国版本图书馆CIP数据核字(2017)第018925号

内 容 提 要

VR（虚拟现实）以及AR（增强现实）越来越受到科技界、资本界、媒体界甚至学术界的关注。本书的内容不仅包括VR，也包括AR，乃至比AR更深一层的MR（混合现实），同时还对VR/AR的各行业痛点进行详尽分析，能给予读者更好的指引。

本书共分9章，兼具趣味性和专业性，全面且深入。首先从宏观角度介绍了VR和AR的概念；其次介绍其技术实现方法；接着从影视、游戏2个应用更多的行业入手探讨VR/AR与它们的结合；然后谈及VR/AR/MR更广泛的行业应用，不仅有现状，有展望，还有反思；最后，探讨了VR/AR技术的未来发展，以及火热状况下的冷思考和对文化的冲击。

本书通俗易懂，适合对VR/AR感兴趣的读者、刚接触VR/AR的爱好者、媒体工作者以及相关领域的工作人员阅读和使用。

◆ 著　　　苏　凯　赵苏砚
责任编辑　恭竟平
责任印制　周昇亮

◆ 人民邮电出版社出版发行　　北京市丰台区成寿寺路 11 号
邮编　100164　　电子邮件　315@ptpress.com.cn
网址　http://www.ptpress.com.cn
北京虎彩文化传播有限公司印刷

◆ 开本：700×1000　1/16
印张：12.5　　　　2017 年 3 月第 1 版
字数：204 千字　　　　2022年 9月北京第13次印刷

定价：49.80 元

读者服务热线：(010)81055296　印装质量热线：(010)81055316
反盗版热线：(010)81055315
广告经营许可证：京东市监广登字 20170147 号

2016年是VR元年，“虚拟与现实”的话题甚至引入了高考语文作文的试题中。再不懂VR&AR，你就太落伍了。希望大家都能与知识同行，与时代接轨。

现在大众对VR&AR还缺乏认知，虽然媒体都在广泛报道VR&AR，实际上很多媒体自己都没搞清楚VR&AR是什么。报道中经常出错，总是把AR当成VR报道；还有比AR更深一层的MR，两者也容易让人混淆。虽然市面上也已有不少关于VR的图书，但介绍得还不够完整、不够清楚。本书对VR&AR乃至MR作全面的科普，让大家有更清晰的认识。

另外，火热的话题总是会让一群人在不明就里的情况下盲目跟风，一年下来，行业乱象层出不穷。本书对涉及VR&AR乃至MR的各行业都有结合行业痛点的详尽分析，有介绍也有建议，能给予读者更好的指引。

由于写作本书，不免引用了许多来自网上的数据和信息，在书中已尽量标注来源，在此也对相关原作者表示感谢。

本书的特点

- 本书的内容不仅包括虚拟现实（VR），也包括增强现实（AR）。（苹果首席执行官库克在接受ABC新闻的专访时表示，VR技术和AR技术都很有意思，但他更看好AR的发展前景。）
- 兼具趣味性和专业性，全面且深入：可作为大众读物，通俗易懂，科普性强；同时也有独家的犀利观点，着眼于VR&AR技术未来发展的探讨。
- 跟同类图书相比，本书对涉及VR&AR的各行业都有结合行业痛点的详尽分析，能给予读者更好的指引。
- 另外，本书的内容还包含了比AR更深一层的混合现实（MR）。（例如，微软的HoloLens到底算AR眼镜还是MR？）

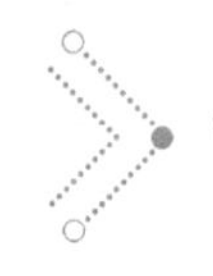

本书的内容安排

第一章 虚拟现实和增强现实初体验

从 2016 年浙江卷的高考作文题谈起，为了增强大家对 VR/AR 的认知，非常全面地介绍了与 VR/AR 相关的科幻小说和科幻片，引领大家进入 VR/AR 的世界；接着从最根本的人类各种感觉谈起，讲述如何影响人类的感觉从而建立虚拟世界，以及 VR/AR/MR 的概念和区别。

第二章 虚拟现实和增强现实的实现

这一章讲述 VR/AR/MR 的相关硬件和具体技术的实现方法。对硬件进行了系统化的分类和介绍，特别介绍了名目繁多的外设让大家增长见识，接着谈到了技术难点——晕动症。

第三章 动作捕捉在 VR 中的应用

体感交互能为 VR 设备提供更完善的虚拟现实体验，能让使用者的身体与虚拟世界中的各种场景互动，大大提高了沉浸感。其中，动作捕捉是非常重要的技术。在这一章，以诺亦腾公司为例，深入讲解各种动作捕捉及空间定位技术，并一一分析其优缺点。

第四章 三维手势交互

在 VR/AR 的人机交互场景中，人们能使用自己的手和 VR/AR 中的虚拟物体进行自然的直接互动。手势识别分为二维手势识别和三维手势识别。在这一章里以 uSens 凌感公司为例，深入讲解三维手势交互。

第五章 当影视遇上虚拟现实

VR 影视是一个全新的舞台，带给观众无限遐想的空间，也带给影视创作人全新的发挥空间。何谓真正的 VR 互动电影？要如何着手去制作？在这一章里，会讲述一些非常新颖的观点，给你带来启发和思考。

第六章 虚拟现实游戏

在所有的 VR 内容中，无论在受关注度还是商业化盈利方面，游戏是非常重要的一个板块。VR 游戏与一般游戏的区别在于 VR 的特性，那么能从哪些方面展现 VR 游戏特性的魅力？ VR 游戏制作的要点是什么？在这一章里，你会得到系统化的、详尽的解答。

第七章 增强现实游戏

同样地，在所有的 AR/MR 内容中，游戏在受关注度或是商业化盈利方面都是非常重要的一个板块。为什么那么多的 VR/AR/MR 游戏都没能做起来，而《精灵宝可梦 Go》却这么火爆，一举成为现象级作品？其成功的秘诀是什么？ AR/MR 还能有什么样的新奇玩法？在这一章里，会对 AR/MR 游戏作系统化的、详尽的分析报告。

第八章 虚拟现实和增强现实的应用

对涉及 VR&AR 的各行业都有结合行业痛点的详尽分析，能给予读者更好的指引。例如，Facebook 押注 VR 社交能行吗？阿里巴巴和京东的 VR/AR/MR 购物看起来很美，但能做起来吗？关于这些都会跟大家一一探讨。

第九章 展望未来

本章探讨了 VR&AR 技术的未来发展，以及火热状态下的冷思考或对文化的冲击。VR/AR/MR 就是我们想要的吗？我们还可以有什么样的期盼？虚拟现实技术会不会成为人们的一种精神鸦片，从而忽略了真实生活？让我们一起来思考。

本书从概念到细节，从理论到实际应用，不仅适合作为普通大众的科普读物，也能给相关领域的工作者以指引。

适合阅读本书的读者

- 对 VR&AR 感兴趣的读者
- 初次接触 VR&AR 的爱好者
- 媒体工作者（用来理清概念）
- 相关领域的工作者

忘记预言，回归原点

陈楸帆

现任诺亦腾副总裁，业余科幻作家。曾在谷歌、百度供职近10年，从事互联网品牌营销工作。出版的作品包括《荒潮》《未来病史》《薄码》等，被翻译成多国语言。曾获华语科幻星云奖、银河奖、世界科幻奇幻翻译奖等国内外奖项。

在这个被媒体称为“虚拟现实寒冬”的季节，我读到了这样一本以“创世纪”为题的书，心情不可不谓复杂。当然，我也不曾忘记，那些曾经口口声声吹捧“VR元年”的，也许正是同一帮人。

人类的历史从来不缺乏预言者，其中包括巫师、未来学家、经济学者，以及我的另一重身份——科幻作家。

科幻作家曾被当成既有观念和秩序的幼稚反叛者，备受嘲讽和排挤。而现在，又被抬高成对未来趋势的预言者而受到顶礼膜拜。正如人类对于未来的态度总是那么纠结——既渴望又抗拒，他们总是在作出预言，但预言往往落空。

就好像以下这些著名的预言：

没有任何细节表明核能量是可以捕获到的，也就意味着原子随时都会爆裂。

——1932年，爱因斯坦

我认为电脑的市场顶多是5台。

——1943年，时任IBM主席　托马斯·沃森

iPhone在市场上是没有任何机会的。

——2007年，时任微软CEO　Steve Ballmer

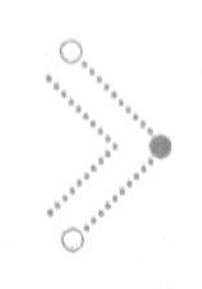

这些预言之所以著名，一方面得益于预言者在相关领域的权威地位，另一方面则是预言本身与现实世界的历史进程南辕北辙的悖离。预言者被打脸的背后是这样一个真理，如 A. C. Clarke 所说：“我们总是高估了科技的短期效益，并低估了科技的长期影响。” 尤其是在一个技术呈指数级爆炸增长的时代，我们的线性大脑中固有的模式与经验成为对未来持有偏见的源头。

我们过往的成功也许将成为我们未来失败的墓志铭。

这话放在 VR 领域再合适不过。

当无数投资人、创业者、政策制定者试图将互联网、智能硬件、游戏、游乐业等早已被验证过的商业模式移植到虚拟现实领域中来时，却遭遇到了一次又一次的滑铁卢。事情并没有想象中的那么乐观、那么顺风顺水，对于虚拟现实这样一种试图接管人类感官系统的终极媒介形态，它并不仅仅是技术本身。正如麦克卢汉所说“媒介即信息”，人类需要从各个方面（认知科学、美学、心理学、文化人类学、社会学、语言学等）去适应这样的一种新的感官系统，它绝不可能一蹴而就。

正如李安 120 帧 4K3D 的《比利林恩的中场战事》所遭遇的两极反应一样。世界需要时间。

所以让我们回到一切的原点，回到创世纪，去了解事情的本质，去探索每一种可能性。也许若干年后，当我们回望 2016 年这一个漂浮着雾霾的寒冬时，会因为所有草率的预言而失笑，无论悲观还是乐观。唯一可以确定的是，如果没有一个个沿着起点不畏失败、不惧艰险的践行者，我们永远无法抵达虚拟现实的未来。

谨以为序。

第一章 虚拟现实和增强现实初体验

虚拟现实和增强现实的实现

动作捕捉在 VR 中的应用

虚拟现实游戏

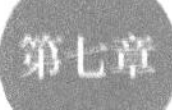

增强现实游戏

虚拟现实和增强现实的应用

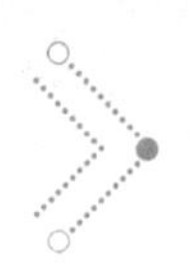

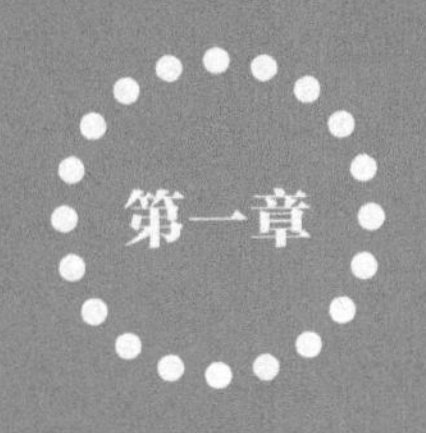

第一章

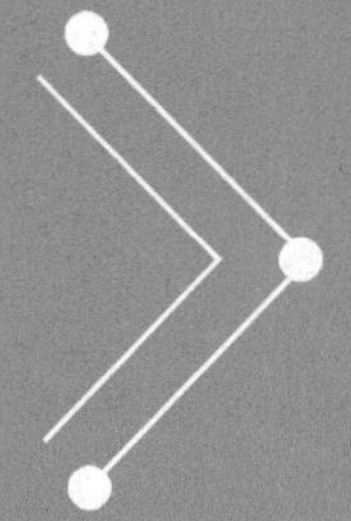

虚拟现实和增强现实初体验

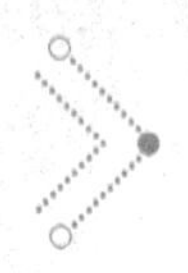

都说 2016 年是 VR 元年，那么，你知不知道 VR 是什么呢？还有伴随 VR 正在强势崛起的 AR，又是什么呢？

VR，虚拟现实；AR，增强现实。虽然你对这些新鲜事物也许感觉比较科幻，但你需要知道“未来已来”——这是一本奇妙的书，为你打开通往未来世界的大门，人类曾经梦想过的那些魔幻一般的事物，正随着科技的成熟逐渐成为现实……

1.1 欢迎来到虚拟现实和增强现实的世界

2016 年的高考语文试题，多个省市的作文题目都舍弃了屈原、孔子、居里夫人等传统作文素材，选择了贴近互联网和科技的话题。其中，浙江高考作文主题选取了时下的大热门——“虚拟与现实”，体现出很强的科技内涵。

浙江卷高考作文题

网上购物，视频聊天，线上娱乐，已成为当下很多人生活中不可或缺的一部分。

业内人士指出，不远的将来，我们只需在家里安装 VR（虚拟现实）设备，便可以足不出户地穿梭于各个虚拟场景，时而在商店的衣帽间里试穿新衣，时而在诊室里与医生面对面交流，时而在足球场上观看比赛，时而化身为新闻事件的“现场目击者”……

当虚拟世界中的“虚拟”越来越成为现实世界中的“现实”时，是选择拥抱这个新世界，还是刻意远离，或者与它保持适当距离？对材料提出的问题，你有怎样的思考？写一篇不少于800字的论述类文章。

在以前，文理分科曾经比较严重。很多文科大学生毕业后都不太懂计算机，各单位都要专门招聘懂计算机的技术员。进入网络时代后，计算机科技跟老百姓的日常工作生活日益联系紧密。很多上了年纪的人，为了炒股，也学会了使用计算机。现在，很多老人也在用智能手机，玩微信了。

但是文理之间的沟壑仍然存在。很多媒体的记者在报道科技新闻时，由于缺乏相应的理科知识，不时出错，闹笑话。

现在的大学，也开始重视培养文科生的自然科学修养，会设置相关的理科选修课程，并制定一定的要求。那么，谁说高考作文题目只能讲人文，不能涉及科技？随着以前的科学幻想逐渐成为现实，我们的世界已经离不开科技。

既然浙江卷高考作文题的主题定为“虚拟与现实”，那么，要怎样作答，怎样去写好这一篇作文呢？需要注意到，作文题说的只是虚拟现实（VR），此外还有增强现实（AR）的存在。

虚拟现实和增强现实之间的区别是什么？虚拟现实和增强现实将给我们的世界带来什么改变？让我们先从文学艺术和电影艺术的科幻故事中感受一下吧。

1.1.1 科幻小说中的VR/AR

大量的科学发展历史证明，科幻是科技创新的源泉之一，能够激发发明创造。被誉为“科学幻想之父”的19世纪法国科幻小说大师凡尔纳，曾幻想过电视、直升机、潜水艇等，这些在20世纪都已变成了现实。潜水艇的发明者之一西蒙·莱克、无线电发明者之一马科尼等科学家，后来都承认自己受到过凡尔纳作品的启示。美国和欧洲的科技强盛，也与科幻小说的贡献密不可分，许多科学家在儿时迷恋科幻小说，因而在成年后把热爱投入到科技事业。

柏拉图的《理想国》的“洞穴之喻”

早在古希腊时代，著名哲学家柏拉图（约公元前427年—公元前347年）便在《理想国》里提出了哲学上著名的“洞穴之喻”。假设有一群囚徒自小被绑在一个洞穴里不能动弹，他们背对着洞口，身后有熊熊的火光，他们就只能看到洞穴后壁上由于火光映照而投影过来的影子。他们以为自己在洞穴内看到

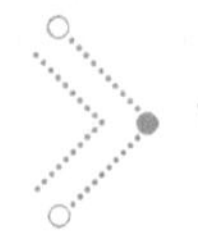

的是真实的世界，其实却是一个虚拟的世界，而洞穴外才是真实的世界。假如他们当中有人获释，他首先便会害怕洞穴外的强光，他会困惑、会痛苦，从而不敢走出洞穴。假如有人强行将他拉出洞穴，到阳光下的真实世界，他会更加头晕目眩，甚至会抗拒、会发火。起初他只能看到事物在水中的倒影，然后才能看清阳光中的事物，最后甚至能看到太阳本身。到那时，他才处于真正的解放状态，他会开始怜悯他的囚徒同伴、他的原来的信仰和生活。如果让他返回去拯救他的囚徒同伴，他得有一段时间去适应洞中的黑暗，并且会发现很难说服他的那些同伴去相信外面那个世界才是真实的，从而跟他走出洞穴（如图 1-1 所示）。

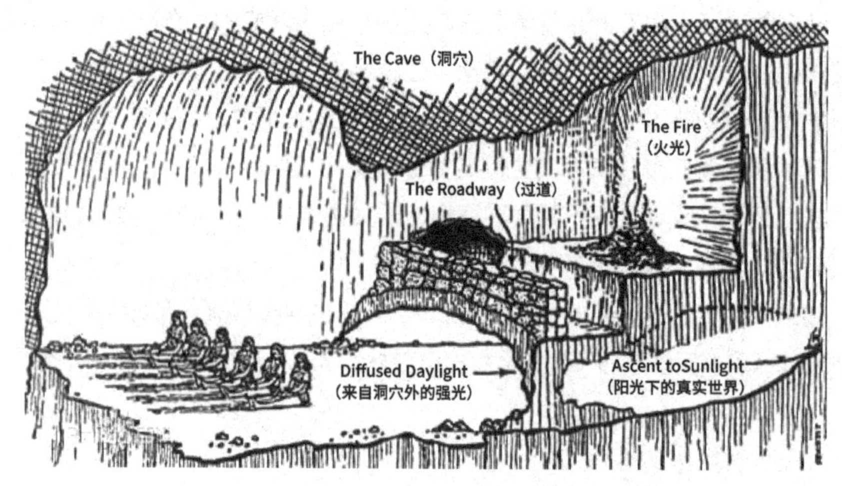

图 1-1 柏拉图的《理想国》的“洞穴之喻”示意图

这也许就是关于虚拟现实最早的描述。这跟后来的科幻片《黑客帝国》系列所表达的概念很相像。

阿道司 · 赫胥黎的《美丽新世界》

英国作家阿道司 · 赫胥黎在 1932 年创作的长篇小说《美丽新世界》让他名留青史。《美丽新世界》（其封面如图 1-2 所示）是 20 世纪最经典的反乌托邦文学之一，与乔治 · 奥威尔的《1984》、扎米亚京的《我们》并称为“反乌托邦”三部曲，在国内外思想界影响深远。

这本书以 26 世纪的机械文明社会为背景，描写了在未来社会人们的生活场景，里面已经幻想到了这样一个头戴式的显示器，可以为观众提供图像、声音、气味等一系列的感官体验，以便让观众更好地沉浸在电影世界里。

图 1-2 阿道司·赫胥黎的《美丽新世界》的宣传海报

斯坦利 · 威因鲍姆的《皮格马利翁的眼镜》

1935 年，美国科幻小说家斯坦利 · 威因鲍姆发表了小说《皮格马利翁的眼镜》（如图 1-3 所示）。小说中提到一个名叫阿尔伯特 · 路德维奇的精灵族教授发明了一副眼镜，戴上这副眼镜后，就能进入到电影当中，“看到、听到、尝到、闻到和触到各种东西。你就在故事当中，能跟故事中的人物交流。你就是这个故事的主角”。

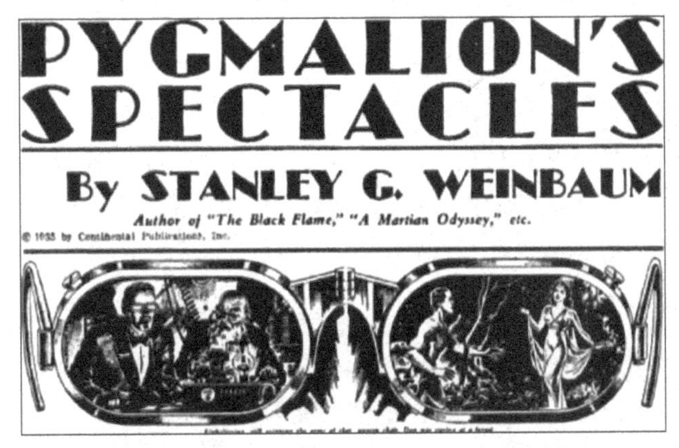

图 1-3 斯坦利·威因鲍姆的《皮格马利翁的眼镜》

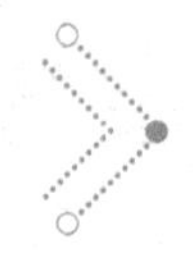

斯坦利·威因鲍姆的《皮格马利翁的眼镜》比阿道司·赫胥黎的《美丽新世界》更进了一步，《皮格马利翁的眼镜》小说中那位教授发明的眼镜更为准确地预言了今天的虚拟现实装置，能够提供更为美妙的“沉浸式体验”。

雷·道格拉斯·布莱伯利的《大草原》

到了 1950 年的时候，在美国科幻作家雷·道格拉斯·布莱伯利的小说《大草原》（*The Veldt*）（如图 1-4 所示）中便有了关于 VR 旅游的科学幻想。小说中描写了一座名叫“Happylife（幸福）”的房子，里面装满了各种各样的机器，能带给孩子仿佛置身于非洲大草原的感觉，也就是明天所说的“沉浸式体验”。

图 1-4 雷·道格拉斯·布莱伯利的小说《大草原》（*The Veldt*）

雨果的 Teleyeglasses

也许你没听说过雨果·根斯巴克（Hugo Gemsback），但你一定听说过万众瞩目的“雨果奖”。我国刘慈欣的《三体》和郝景芳的《北京折叠》就先后因获得“雨果奖”而备受关注。

雨果·根斯巴克是工程师出身，为美国著名科幻杂志编辑。1884 年他出生于卢森堡，1904 年移居美国，1926 年他创办了第一本真正的科幻杂志《惊奇故事》（*Amazing Stories*），成为开创科幻类型文学的先驱。为此，1960 年匹兹堡科幻年会颁给他一份特别的科幻奖，并授予他“科幻杂志之父”的封号。年度科幻小说奖便以他的名字命名为“雨果奖”。

1963 年，雨果·根斯巴克在《Life》杂志上发表了一篇文章，在文章中他探讨了他构思的一款头戴式电视观看设备——Teleyeglasses（如图 1-5 所示）。虽然和如今为我们所知的虚拟现实技术还相去甚远，但埋下了梦想的种子。

图 1-5 雨果·根斯巴克的 Teleyeglasses 装置

弗诺·文奇的《真名实姓》

弗诺·文奇是美国著名的科幻小说家，作品量少而精，其作品《深渊上的火》《天渊》（《深渊上的火》前传）和《彩虹尽头》分别获得了 1993 年、2000 年和 2007 年的世界科幻大奖“雨果奖”。

在他为数不多的作品中，1981 年写的描写电脑黑客与掌控全世界信息资源的人工智能殊死搏杀的中篇小说《真名实姓》（如图 1-6 所示）占有着特殊的地位。小说描述了一个由计算机模拟的虚拟世界，黑客们以巫师的名义行走。作品发表时，互联网技术刚刚初露端倪，人们痴迷于小说中的超炫想象，却很难相信它们会在不久的将来梦想成真。《真名实姓》是最早地完整呈现电脑计算空间中的有血有肉的形象化的概念“fleshed-out”的，作者也在 2007 年被授予普罗米修斯名人堂奖。很多时候人们将开创科幻小说赛博朋克（Cyberpunk）流派的荣誉归到威廉·吉布森的名下，但实际上文奇的《真名实姓》比吉布森赖以成名的《神经漫游者》早了整整三年。文奇至今仍是美国最优秀的赛博朋克作家之一。

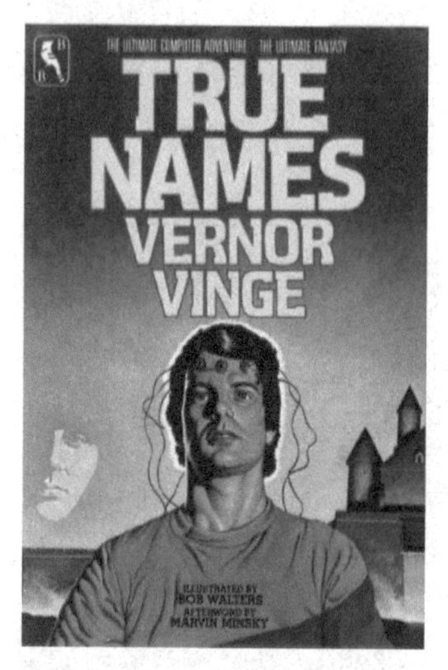

图 1-6 弗诺 · 文奇的《真名实姓》

《真名实姓》这部小说在 2003 年登陆中国，随即掀起弗诺 · 文奇热潮，并于 2007 年收录在经典科幻中篇小说集《真名实姓》中。

威廉 · 吉布森的《神经漫游者》

美国著名的科幻作家威廉 · 吉布森，1948 年生于美国，后移民加拿大。跨国资本主义对世界的渗透日益加剧和后现代科技文化的态势不断增强，引起了他的关注，也渐渐成为他科幻创作的社会背景。

1984 年，他于不列颠哥伦比亚大学攻读英国文学学位时完成的处女作《神经漫游者》，一经推出便引发轰动，同时获得“雨果奖”（Hugo Award）、“星云奖”（Nebula Award）与“菲利普 · 狄克奖”（Philip K. Dick Award）三大科幻小说大奖，此纪录至今无人能破。

《神经漫游者》是威廉 · 吉布森的代表作（如图 1-7 所示），威廉 · 吉布森在书中创造了一个赛博空间（Cyberspace），将它描述为一种“同感幻觉”，后来他解释说，“媒体不断融合并最终淹没人类的一个阈值点。赛博空间意味着把日常生活排斥在外的一种极端的延伸状况。有了这样一个我所描述的赛博空间，你可以从理论上完全把自己包裹在媒体中，可以不必再去关心周围实际上在发生着什么。”

图 1-7 威廉·吉布森的《神经漫游者》

赛博空间（Cyberspace）是哲学和计算机领域中的一个抽象概念，是指在计算机以及计算机网络里的虚拟现实。赛博空间一词是由美国数学家诺伯特·维纳（Norbert Wiener）在 1948 年所造的新词控制论（cybernetics）和空间（space）两个词组合而成，在威廉·吉布森在 1982 年发表于《OMNI》杂志的短篇小说《融化的铬合金》（*Burning Chrome*）中首次被创造出来，并在后来的《神经漫游者》中进一步普及。赛博朋克（Cyberpunk）流派的小说，故事背景就设定在一个赛博空间中，计算机、人工智能控制着世界，有着强烈的反乌托邦色彩。

赛博朋克（Cyberpunk）一词是由控制论（cybernetics）和朋克（punk）两个词组合而成。朋克，是一种音乐流派，歌曲和弦只用最简单的三和弦构成，更加倾向于思想解放和反主流的尖锐立场，作风大胆，完全在发泄着心中一腔的愤恨，控诉着对社会的不满和对前途的迷茫。我国香港地区的歌手许冠杰的那一首《半斤八两》便是受了朋克文化的影响，唱尽打工仔的心态，广受共鸣。朋克也演变成为一种行为艺术，在时装设计方面比较反叛，我国香港地区的明星梅艳芳那时的一身打扮便是此潮流的写照。朋克文化，就是一种反乌托邦文化。

尼尔·斯蒂芬森的《雪崩》

尼尔·斯蒂芬森，美国的另一位科幻作家，在 1992 年发表了奠定他赛博朋克宗师地位的大作《雪崩》（如图 1-8 所示）。“雪崩”，乃是一种病毒，该病毒不仅可以在未来世界的网络上传播，还能在现实生活中扩散，造成系统崩溃和头脑失灵，主人公所面对的正是这一恐怖危机。

《雪崩》的伟大之处在于，它所创造的“虚拟实境（Metaverse）”这一概念，并非是以往想象中扁平的互联网，而是和社会高度联系的三维数字空间，与现实世界平行。在现实世界中地理位置彼此隔绝的人们可以通过各自的“化身”来互相交流娱乐——事实上，在如今的网络游戏和虚拟人生等软件中，他的预言也已得到了部分实现。此外，《雪崩》还融合发展了他在之前的两部小说——《大学》和《佐迪亚克》中展现的科技惊险和黑色幽默的写法，采用古代闪米特的传说为大背景，给赛博朋克流派小说注入了活力。在当时，这本小说也是造成了大轰动，引发了赛博朋克流派小说的阅读与创作热潮。

图 1-8 尼尔 · 斯蒂芬森的《雪崩》

弗诺 · 文奇的《彩虹尽头》

《彩虹尽头》（如图 1-9 所示）是弗诺 · 文奇于 2007 年再次夺得“雨果奖”的科幻小说作品，关于这位作者前面已有介绍。

在这部小说中，弗诺 · 文奇又一次展现了惊人的前瞻性，他总能抢在其他人之前发现新技术对人类生活的复杂影响。在《真名实姓》中是赛博空间，在《彩虹尽头》中则是无数资源互联所产生的超人智能。

弗诺 · 文奇作品的出色，是在故事情节之外，对未来科技的预见。《彩虹尽头》这本书，新点子层出不穷。小说主角通过穿戴智能外衣和特殊的隐形眼镜，能够利用虚拟视网膜显示技术看到除真实场景外的计算机图表等附加信息，拥有和虚拟形象互动的能力，在虚拟和现实交叉的世界里游刃有余。这说得不就是增强现实（AR）技术吗？

图 1-9 弗诺·文奇的《彩虹尽头》

虽然如今我们再回过头来看以前的科幻小说，可能会觉得书中的那些科学幻想对现在的世界而言已经不够震撼，但这不正好验证了科幻小说作家预言的准确性吗，这也正是他们作品引以为傲的魅力。

恩斯特·克莱恩的《玩家一号》

美国科幻作家恩斯特·克莱恩的小说《玩家一号》（如图 1-10 所示）于 2011 年出版，根据小说改编的同名电影将于 2017 年上映。

故事发生在未来世界，能源危机爆发，世界秩序受到猛烈冲击，社会贫富分化严重，而那时的虚拟现实技术与网络游戏得到了完美的结合，虚拟世界“绿洲”成为了人类的第二家园，是人们借以避世的精神港湾。“绿洲”创始人在去世时留下了遗嘱，任何人如果在游戏世界中破解了预先设置好的彩蛋就能得到“绿洲”世界的控制权。

笔者在这里不得不说明一下，这看上去很高格调的世界观设定，其实只是流行快餐。小说虽然被贴上了赛博朋克和反乌托邦的标签，但实际上是怎么一

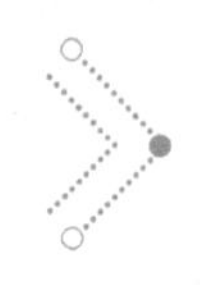

回事呢？这么说大家肯定容易明白：“绿洲”本来是一款“公益性”的网游，穷人也可以畅玩，但如果被“黑心”的商业游戏公司拿到了代理权进行运营，就会要求玩家充值成为会员才能享受各种特权，以各种借口卖各种收费道具，令没钱充值的穷人再也玩不爽了。故事中的主角就是一个穷人，他肯定不愿让“黑心”的公司拿到“绿洲”的控制权。

情节部分就是探险寻宝加罗曼蒂克；解谜部分，游戏的彩蛋就隐藏在 20 世纪 80 年代的流行文化当中，也就是故事主角得耗费时间弄清“绿洲”创始人（即小说作者）的审美口味；爱情部分，现在还有什么商业娱乐片不带爱情元素的吗？

这部小说，可谓一股浓浓的网络小说味扑面而来。当然，作者也设计了一些提升格调的东西，那些东西就留给大家去细细品味，在这里不多剧透了。

图 1-10 恩斯特·克莱恩的小说《玩家一号》

同名好莱坞电影即将上映，作为娱乐大片，就算大家已被剧透，也是值得一看的。该电影的导演是大名鼎鼎的史蒂文·斯皮尔伯格，曾执导《夺宝奇兵》系列电影，相信制作效果也不会很差。

《玩家一号》小说的出现，也意味着虚拟现实技术渐渐为大众所知。也可以看到，国内不少小说也出现了类似的情节，玩家之间为争夺游戏世界的控制权而战斗。

1.1.2 科幻片中的 VR/AR

根据 VRscout 网站的报道，从零重力室到有机游戏主机，在过去的几十年中，好莱坞科幻片一直都在设想虚拟现实和增强现实应用的最大和最好的方式。在创作者的设想中，虚拟现实技术可以作为心理分析、人类提升、执法训练和更多其他可能性的最新方法。一般来说，这些设想都是基于现实世界取得的科技发展，在此，我们回顾一下那些科幻电影，看看那些影片是以何种独特的方式来表现虚拟现实和增强现实的神奇科技魔力的。那些科幻电影作为人类思想的先驱，其所描述的，与现今 VR 行业的发展有着惊人的相似，那些技术包括头戴式显示器、运动追踪、手套或衣服里的触觉系统、移动、游戏主机或图像捕捉等。

电子世界争霸战 *Tron*（1982 年）

作为探索人机交互结合的早期电影之一《电子世界争霸战》（*Tron*）（如图 1-11 所示），因其卓越的图像界面而闻名。影片主角黑客凯文在得知自己的前雇主们窃取了他的视频游戏设计后，不得不黑入雇主的系统证明这个游戏是他的作品。他偷偷潜入他们的办公室，却意外地进入了网络空间。他发现主脑操控程序正在创造一个虚拟的世界，而在这个世界与现实世界一样让人感到悲哀。凯文唯一的希望就是找到“Tron”，那是一个独立的安全系统程序，可以帮助他毁掉主脑操控程序，让虚拟世界和现实世界都恢复秩序。

图 1-11 《电子世界争霸战》（*Tron*）（1982 年）

●完全沉浸式

凯文·弗林被激光数字化，从而完全上传至网络空间。

2010 年，《电子世界争霸战》（*Tron*）的续集《创：战纪》（*Tron*：*Legacy*）（如图 1-12 所示）上映。前作的主角凯文离奇失踪，多年之后他的儿子萨姆进入父亲封闭多年的办公室寻找父亲失踪的真相。萨姆找到了父亲工作的密室和计算机，在一系列键盘操作之后他神奇地被数字化，进入了父亲创造的电子网络游戏世界。在这里萨姆被当作程序被迫参加了一场场惊心动魄、生死一线的游戏大战，同时，他还惊异地发现父亲在电子网络游戏世界创造的一个替身克鲁居然想置他于死地。原来他的父亲在开发这个足以改变人类世界的电子网络游戏世界的过程中，他的父亲的替身竟然背叛了他的父亲，这个替身企图控制整个电子网络游戏世界，更妄想从电子世界关口进入并控制人类现实世界。萨姆父子俩和他的父亲的助手为了回家，为了阻止替身克鲁将要带给人类的灾难，一起联手在到处危机的电子网络游戏世界里展开了一段生死大历险。

图 1-12《创：战纪》（*Tron*：*Legacy*）截图

头脑风暴 *Brainstorm*（1983 年）

电影《头脑风暴》（*Brainstorm*）讲述的是两位颇有才华的研究人员迈克和利连发明了一个可以记录并重放人的现实经历的系统。人们可以进入其他人的大脑里，并且可以重放他的思维、情感以及所经历的一切。但在实验的过程中，这个系统的运行失去了控制。迈克的妻子凯伦也在这个项目组工作，迈克试图用这个程序去重新接近妻子；而同时，其他人则为了寻求更刺激的性经历等不正当的目的滥用这个程序。这时，这项技术在军事上的巨大的潜在价值被发现了，政府试图把迈克和利连赶出这个项目组。显然，政府的兴趣远远大于导弹导航系统，实验室开始研发折磨人类精神的程序。其中的一个研究人员死了，且他的死亡经历被录制下来，迈克确信他必须重放这盘带子用以纪念研究人员并认为会因此得到启发。而在重放时，另一个研究人员也死了，因此这盘带子被锁了起来。迈克必须和自己以前的同事们作斗争，政府为了对抗“我们每个人都会经历的最恐怖的东西”，让他重新进行他的实验……

●头戴式显示器（片头）

模型原型似乎是一个没有面具的橄榄球头盔，环绕着一圈传感器和电路。整个系统还包含另一个作为接收模型的头盔（如图 1-13 所示）。

图 1-13《头脑风暴》（*Brainstorm*）（1983 年）

●头戴式显示器（片尾）

那款消费者模型看上去类似意念控制器（一家神经科技公司曾经推出的神经头盔，是附有电极的特殊帽子，使用者戴上之后，只需起心动念便可以操控眼前的计算机，透过意志和情感控制电玩游戏角色的动作）的头冠（如图 1-14 所示）。它能够收集佩戴者的所有感官信息，记录到磁带里，然后转播给另一

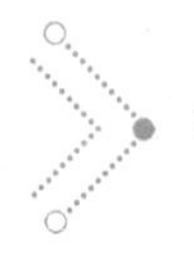

名佩戴者，转移技能、记忆和感知。

图 1-14 意念控制器的头冠

割草者 *The Lawnmower Man*（1992 年）

电影《割草者》（*The Lawnmower Man*）（其截图如图 1-15 所示）讲述的是，千年之交时，一种名为“虚拟现实”的技术得到广泛应用，能使人进入一个由计算机创造出来的如同想象力般无限丰富的虚拟世界，而这种技术也可能会被一些人利用，成为一种控制人类思想的新方法。

图 1-15 电影《割草者》（*The Lawnmower Man*）的截图

在美国的一间“虚拟空间工厂”里，安吉罗·拉瑞博士正在致力于研究一项能够迅速提高人类智商的“5号计划”。试验已经证明，猩猩在虚拟空间的刺激下，智商已经明显提高。可“虚拟空间工厂”的负责人蒂姆斯受到幕后投资人的指使，一直鼓动安吉罗博士通过这种方法对猩猩的控制原始暴力的中枢神经进行刺激，以此来提高它们的攻击性，最终制造出比武器更厉害的东西。安吉罗坚决地拒绝了那些人的痴心妄想，于是投资人拒绝继续投资，安吉罗也因此遭遇了停职的困境。

安吉罗不愿放弃“虚拟空间”项目的研究，但却没有研究对象，一个偶然的机会，除草人乔布出现在了他的面前。乔布患有先天性的智力缺陷，从小就被神父收养的他受尽了周围的人的白眼和欺侮，只有邻居家的小孩愿意跟他交朋友。但乔布天生乐观善良，安吉罗决定让乔布参与试验。

试验和训练进行了仅仅一个月，乔布的智商就增长了4倍，这一惊人的结果令安吉罗充满了信心，但与此同时问题也出现了，家里的研究设备已经无法满足接下来的研究需要，安吉罗只好求助于蒂姆斯，希望能偷偷借用“虚拟空间工厂”的中心实验室继续对乔布的实验。蒂姆斯一方面爽快答应，另一方面却向幕后投资人告了密。随着研究的深入，安吉罗发现乔布在提高智商的同时，也显露出了一些超出他预想的迹象，如暴力倾向，于是他果断地中止了实验。安吉罗经过调查发现，乔布目前正在注射的药物并不是他之前配制的，而是一种直接刺激人的暴力中枢神经的药物，原来是蒂姆斯暗中调换了药物。

安吉罗此时才意识到自己可能害了乔布，他努力说服乔布停止进入虚拟空间。但乔布已经失去了理智，他的智商甚至已经超越了安吉罗，可以自行进行实验。更令安吉罗始料不及的是，乔布正企图利用虚拟空间来获得控制整个世界的力量。紧要关头，安吉罗将炸弹安放在了中心实验室，想以此来阻止乔布进入虚拟空间。不甘失败的乔布拒绝离开实验室，在爆炸声中，实验室瞬间成了一片废墟。

●头戴式显示器

类似现在的消费者头盔，能够传递视场和运动。

●紧身衣

穿在身上的紧身衣可以追踪手臂和腿部的运动，以及通过触感科技传递触感。

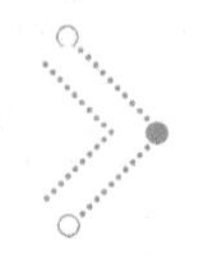

●移动

利用名为“aerotrim”的如人体大小的陀螺仪，安吉罗博士和乔布能够在虚拟空间里到处移动探索。

虚拟实境死亡游戏 *Arcade*（1993 年）

《虚拟实境死亡游戏》的英文名“Arcade”，现在一般译作“街机”，其封面如图 1-16 所示。

图 1-16《虚拟实境死亡游戏》封面

一家名叫“但丁的地狱”的地方游乐中心，新安装了一款名叫“街机”的虚拟现实游戏，亚历克斯・曼宁和她的朋友们在试玩这款游戏后立即被吸引。一旦进入游戏，同样名为“街机”的反派会挑战玩家，并随着游戏的进行不断学习进化。然而，主角不知道的是，任何失败的玩家都将被关在游戏里，并从现实世界里消失。主角和剩余的朋友需要努力找到方法去逆转游戏的这种效应。

这个故事现在看来虽然可能感觉比较老土，但你要知道，这部电影推出的时间可是 1993 年，也就是街机刚开始流行的时候，在当时也算是很新潮的了。

●街机

类似于日本现在研制的 VR 街机的虚拟现实装置，影片中街机厅的玩家会坐到一个类似快照亭的游戏舱里。这个游戏舱会展示视觉输出，还有一套触感手套用来追踪触感。

●头戴式显示器

类似于现在的 VR 三大巨头（Oculus、 HTC 和索尼）的 VR 头戴式显示器，影片中街机厅的头戴式显示器也拥有带有眼洞的滑雪护目镜。

●触感手套

跟现在所提的虚拟现实技术的触感手套也很相像，集成了手部追踪和触感技术。

六度战栗 *Brainscan*（1994 年）

《六度战栗》(*Brainscan*)被称为交互式电影，改编自科幻小说《死亡游戏》。《家用电脑与游戏机》杂志曾刊登过它，在读者中引起了很大反响。电影《大度战栗》（*Brainscan*）的海报如图 1-17 所示。

图 1-17《六度战栗》（*Brainscan*）的海报

主角迈可通过一张光碟，参加了一场刺激的游戏。但第二天醒来，他却发现游戏中的一幕如实上演了。后来第二张 CD 又寄来了，他决定结束这场荒谬的游戏，但主谋者从迈可的计算机中走了出来，并一再威胁迈可玩下去，也挑唆他面对恐惧和幻象，迈可就像受催眠一般无处可逃，主谋者已经完全控制了他，使他分不清什么是真什么是假……

●完全沉浸式

这款诱发催眠的视频游戏“Brainscan”干预了玩家的潜意识，令玩家的潜意识屈服于游戏的意识。一旦被控制，所有玩家都相信自己只是在玩游戏，而

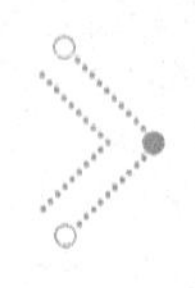

事实上这一切都在真实世界上演。这也是虚拟现实面临的一大问题，后文中有专门谈及。

黑客 *Hackers*（1995 年）

《黑客》这部电影的剧情中规中矩，亮点在于电影的写实性和电影中的计算机黑客。电影截图如图 1-18 所示。

图 1-18《黑客》（*Hackers*）截图

主角达德·墨菲是一名天才黑客，11 岁时，他因小小的恶作剧差点使股市崩盘，因此被剥夺了使用网络的权利。而如今，已经成年的达德终于重新获得了这一权利，他跃跃欲试，准备在网络上重新大展拳脚。他转学后加入了一个黑客组织，凯特·利比和乔伊跟他一样都是黑客，他们因为趣味相投而走到了一起并成为了好友。

普拉格曾经是一名技术高超的黑客，如今的他成为了一家大公司的系统安全专家。但普拉格背地里却和恶势力勾结，谋取公司账户里的巨额财产，此外，他还发明了一种能令全球网络陷入瘫痪的可怕病毒。一次偶然，达德等人发现了普拉格的罪恶和阴谋，他们决定利用自己的力量阻止普拉格。

影片非常细致地展现了许多关于那个年代的黑客的技术细节和程序员的日常生活片断。

●头戴式显示器

在试图黑入吉普森的计算机时，主角达德佩戴了一款类似谷歌眼镜的头戴式显示器。

●消费性虚拟现实

结合运用头戴式显示器、黑客追踪器和全向跑步机，普拉格使用他的虚拟机在虚拟空间中移动。

非常特务 *Johnny Mnemonic*（1995 年）

电影《非常特务》（*Johnny Mnemonic*）讲述的是，公元 2021 年，资料除了可以通过计算机输送外，还可以通过人脑运输。专业运输员强尼为了运送更多的资料，不惜洗去自己的记忆。一次任务中，强尼被客户输入了过量的资料，若他不在 20 小时内找到输出密码，他便会死亡。另外，其他国家的集团也为了夺取他脑内的资料，对他展开了一场大追杀。

●头戴式显示器

强尼戴着一款从前额覆盖到鼻子的弧形头盔。

●手部运动追踪

虽然没有键盘和鼠标，但强尼戴上外骨骼手套后，手套就会提供所有的手指和手部所需的运动，尽管其并不会提供任何的触感反馈（如图 1-19 所示）。

图 1-19《非常特务》（*Johnny Mnemonic*）截图

时空悍将 *Virtuosity*（1995 年）

20 世纪 90 年代中期，涌现了许多探讨虚拟世界以及其引发的社会问题的作品，电影《时空悍将》（*Virtuosity*）即为其中最有想象力的代表之一。其电影截图如图 1-20 所示。

1999 年，在洛杉矶，政府执法技术中心开发出一款用于训练警探的模拟机

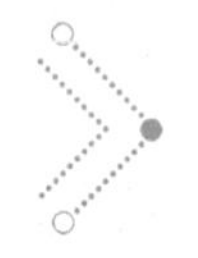

原型。这种模拟机装载有最先进的人工智能技术，使用者需追捕计算机生成的终极罪犯席德 6.7，以锻炼他们的侦探技巧。但是，这个复杂的“猫捉老鼠”系统产生一个致命的后果：狡猾的席德 6.7 摆脱束缚离开了虚拟空间，进入现实世界作恶。前警察巴恩斯被认为是最有机会制服席德 6.7 的人。在犯罪行为专家卡特的帮助下，巴恩斯穿梭于现实世界和虚拟世界，要在新千年之前抓住席德 6.7。同时，巴恩斯在席德 6.7 身上发现了杀害他的妻子和女儿的变态罪犯的影子。这场猎人的游戏变得更加复杂。

●移动 / 身体追踪

像在游乐园中的那样，任何接受训练的警员都头戴头盔被固定在倒置的过山车椅上（如图 1-21 所示）。

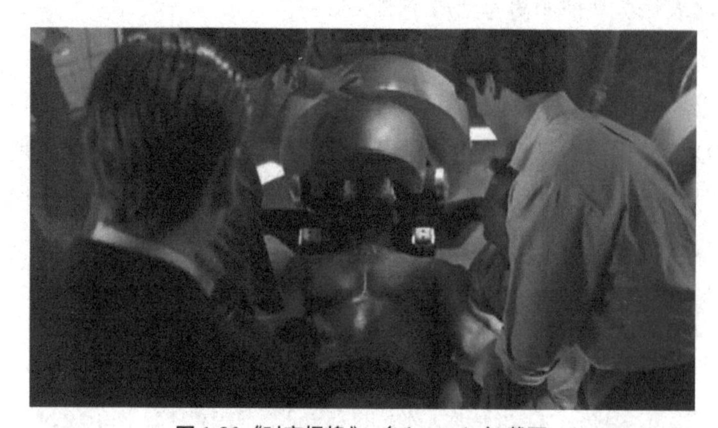

图 1-20《时空悍将》（*Virtuosity*）截图

●头戴式显示器

直接结合仿真手臂，这个巨大的半球形头盔丝毫不会妨碍用户。沉浸在仿真世界的时候，用户通过神经连接具有完整的感官融合。

末世纪暴潮 ***Strange Days***（1995 年）

电影《末世纪暴潮》（*Strange Days*）（其截图如图 1-21 所示）讲述的是，世纪之交的洛杉矶，即将有大灾难来临。那时有一种虚拟现实装置 SQUID（Superconducting Quantum Interference Device，超导量子干涉器件），能把人们看到、听到、感受到的信息用磁碟记录下来，其他人使用一个类似当时流行的 Sony MiniDisc 的轻便装置就可以随时进入这段体验。影片中的主角伦尼，是一名洛杉矶的退休警察，靠私下出售别人的记忆片段为生。这本是一种FBI的技术，却非法流入了黑市。伦尼掌握了很多犯罪和死亡的录音，随着潜在的混乱逐渐出现，他必须恢复这个世界的秩序。

图1-21《末世纪暴潮》（*Strange Days*）截图

影片中有很多人沉迷于体验记忆片段，分不清现实与记忆，就是伦尼也整日沉浸在对女友的回忆中无法自拔，就跟后来的科幻片《盗梦空间》一样。这个存在于虚拟现实的大问题，后文会有专门讲解。

这部科幻动作片的创意来自大名鼎鼎的詹姆斯·卡梅伦，由他和杰伊·科克斯编写剧本，他们希望能创造出真实可信的人物，让观众能与其同呼吸共命运，同时也关注我们在世纪末共同面对的问题。詹姆斯·卡梅伦是一位著名导演，作品有《终结者》《异形2》《终结者2：审判日》《真实的谎言》《泰坦尼克号》《阿凡达》等。而执导本片的却是他的前妻凯瑟琳·毕格罗，也是一位非常有才华的导演。

为了表现出通过SQUID设备体验他人记忆的真实感，影片中大量使用了第一人称视角（POV）镜头。

●头戴式显示器

另一款类似Epoc Emotiv的头冠（前文中有提到），这款头盔能记录佩戴者的感官信息和所经历的事情，而且其他人也可以随时观看。

感官游戏 *eXistenZ*（1999年）

电影《感官游戏》（*eXistenZ*）讲述的是一个发生在相当混乱的时空的相当混

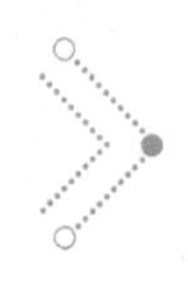

乱的故事。使用的类似后来的《黑客帝国》脑后插管一般的科技，使影片中的角色能进入虚拟空间，玩着如梦一般的虚拟现实游戏。另外还有着多层空间的设定，要比《盗梦空间》早。你以为你在玩游戏，其实也许你已经在游戏空间中了……

●控制器

看上去像是 Xbox 手柄和橡皮泥的完美混合，相当得恶心。但这还不够，还有更重口味的。如图 1-22 所示的类似《黑客帝国》中的湿件（计算机专家用语，指软件、硬件以外的“件”，即人脑）技术，连线系统插入了人体脊椎里的生物港（bioport）里，为用户创造了完整的感官和运动追踪体验，具体表现比《黑客帝国》中的更令人反胃。

图 1-22《感官游戏》（*eXistenZ*）截图

异次元骇客 *The Thirteenth Floor*（1999 年）

电影《异次元骇客》（*The Thirteenth Floor*）讲述的是，在一幢大楼的 13 层，科学家道格·霍尔和汉农·富勒将虚拟现实技术发挥到了极致，他们在计算机上模拟出了 20 世纪 30 年代的洛杉矶，他们可以进入那个虚拟世界生活。但是随着一个夜里富勒被神秘谋杀，霍尔开始追查真相，他渐渐感觉到，自己原来所生活的这个年代的世界好像也是别人模拟出来的……

●完全沉浸式

为了穿越到 1937 年的世界，富勒和其他人倾斜着躺进一个像是医院里做核磁共振的检测舱一般的机舱里，激光阵列连续从头到尾地扫描，从而建立完整的神经连接。其电影截图如图 1-23 所示。

图 1-23《异次元骇客》（*The Thirteenth Floor*）截图

●头戴式显示器

这个头戴式显示器用于神经数据的传输。

黑客帝国三部曲 *The Matrix Trilogy*（1999~2003 年）

《黑客帝国》三部曲是虚拟现实科幻片经典中的经典，在这个反乌托邦的未来，整个世界是由机器来控制。这一电影系列正是关于虚拟现实的电影中最广为人知的作品。其经典画面如图 1-24 所示。

图 1-24 《黑客帝国》经典画面

片名的“Matrix”（即“矩阵”），是一套复杂的模拟系统程序，它是由具有人工智能的机器建立的，模拟了人类以前的世界，用以控制人类。在 Matrix 中出现的人物，都可以看作是具有人类意识特征的程序，一共分为三类。一类是附着在生物载体上的，就是在矩阵中生活的普通人；一类是附着在计算机芯

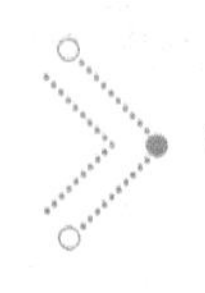

片上的，就是具有人工智能的机器，这些载体通过硬件与 Matrix 连接；还有一类则是自由程序，它没有载体，诸如特工、先知等。

在 Matrix 中生活的一名年轻的网络黑客尼奥，他发现看似正常的现实世界实际上似乎被某种力量控制着，他在网络上调查此事。而在现实中生活的人类反抗组织的船长莫菲斯，也一直在 Matrix 中寻找传说的救世主。尼奥在人类反抗组织成员崔妮蒂的指引下，跟莫菲斯见面了，然后尼奥得以回到真正的现实中，逃离了 Matrix，他这才了解到，原来自己一直活在虚拟世界当中，真正的历史其实是……

●完全沉浸式

人类的身体被放在一个盛满营养液的器皿中，身上插满了各种插头以接受电脑系统的感官刺激信号。人类就依靠这些信号，生活在一个完全虚拟的电脑幻景中。

入侵脑细胞 *The Cell*（2000 年）

电影《入侵脑细胞》（*The Cell*）讲述的是卡尔・斯塔格在一处废弃的农场修建了一所玻璃密室，用来做某种坏事。联邦调查局找到斯塔格时发现他已经昏迷在自己家里，还发现有一个女孩还活着，但只有斯塔格知道她在哪里。为了挽救这个女孩，一位潜心于一项突破性研究计划的儿童临床医学家凯瑟琳・迪恩，受命利用最新的虚拟现实技术，进入到昏迷的斯塔格的大脑当中，这无疑是一次充满奇异、未知和危险的旅程。和她一起行动的还有一位 FBI 探员皮特・诺瓦克，他们携手与时间赛跑，揭开层层线索，去查找那个女孩的下落。不幸的是，事情并没有像预期那样的顺利，凯瑟琳・迪恩发现她被困在了斯塔格的思维世界里……

●头戴式显示器

迪恩和诺瓦克在电缆上悬浮着，利用化学药物和非传统的头戴式显示器实现感官沉浸。电影截图如图 1-25 所示。

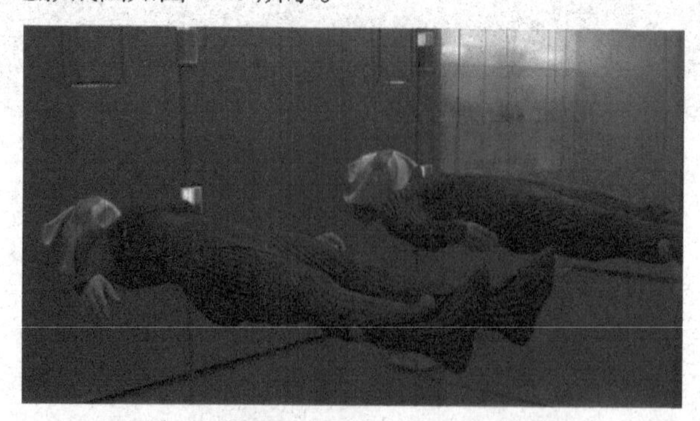

图 1-25《入侵脑细胞》（*The Cell*）截图

●触感 / 身体追踪服

灵感来自于我们自己的身体的内部运作，这一套衣服能够模仿肌肉的布局设计，无论是在外观方面还是功能方面。使用者可以通过大脑的意识来控制自己在虚拟世界的运动。

少数派报告（2002 年）

电影《少数派报告》是由汤姆 · 克鲁斯主演的一部科幻片。该影片讲述的是随着科技的发展，人类利用具有感知未来的超能力人——“先知”，就能够侦查出人的犯罪企图，因而在罪犯实施犯罪行为之前，就已经提前被犯罪预防组织的警察逮捕并获刑。约翰 · 安德顿就是犯罪预防组织的一个主管。在一次通过“先知”成功阻止的因外遇引起的双人命案之后，约翰隐约了解到了这一套完美的预防犯罪系统中隐含的秘密——“少数派报告”。系统依赖三个“先知”一起判定某人是否有杀人企图，当出现分歧时，按少数服从多数的原则定案，但最后若少数一方正确的话，则会秘密保存一份“少数派报告”。约翰一觉醒来，突然发现自己已是昔日同事的抓捕对象。约翰唯一的出路就是找到那份能证明自己清白的“少数派报告”。

●手部追踪

约翰 · 安德顿戴着手套，使用手势与计算机进行交互（如图 1-26 所示）。

图 1-26《少数派报告》截图

●完全沉浸式

用户在虚拟现实的咖啡馆里，通过外部神经连线诱发沉浸式体验。

非常小特务 3-D：游戏结束 *Spy Kids 3-D: Game Over*（2003 年）

《非常小特务》系列的第 3 部，为 3D 电影。在经历了科学狂人和荒岛惊魂后，

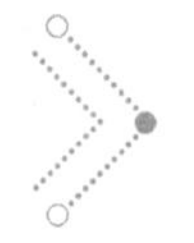

这次天才特工小姐弟必须面对的是解救全世界孩子的任务和一个庞大而危险、疯狂的虚拟游戏……“少年版 007”朱尼·柯特兹在莫名其妙地失去了他的特工工作以后，被告知他必须设法进入一个虚拟游戏的世界，因为他的姐姐卡门·柯特兹的精神被禁锢在那里。游戏的设计者是一个被称为“玩具制造商”的狂人，他有 5 个全然不同的人格，出于邪恶的目的，他希望能够通过这个游戏控制全世界的孩子。为了打败邪恶的玩具制造商，朱尼加入了一个由全世界招募而来的孩子们组成的游戏测试小组中，但进入虚拟世界需接受层出不穷的挑战。朱尼面临着一系列考验，如在炽热的火山岩浆上冲浪，和巨大的机器人与异种怪兽交战，又或者危险重重的夺命狂奔。即使有曾经也是天才特工的祖父帮忙，但朱尼能够成功地通过这些关卡拯救姐姐卡门并最终打败邪恶的玩具制造商吗？

●头戴式显示器

这种用于虚拟现实的头戴式显示器就像是看 3D 电影用的眼镜，一块镜片是红色的而一块镜片是绿色的，如图 1-27 所示。

图 1-27《非常小特务 3-D：游戏结束》（*Spy Kids 3-D: Game Over*）截图

●移动

角色在零重力室里可以全方向地移动，从而控制自己在虚拟世界的运动。

未来学大会 *The Congress*（2013 年）

《未来学大会》（*The Congress*）是曾经执导《和巴什尔跳华尔兹》的以色列导演阿里·福尔曼的最新作品，影片依然走《和巴什尔跳华尔兹》的写实路线，但内容却朝幻想更进一步，直接步入科幻和未来学领域。《未来学大会》改编自波兰的科幻、哲学、未来学作家斯坦尼斯拉夫·莱姆的短篇小说，该影片讲述的是女演员罗宾·赖特的事业遭遇瓶颈，不再受欢迎，绝望地走进由精神学和药理学制造的幻想未来的故事。

●图像捕捉

签订合同后，女演员赖特被领进一个半圆顶的房间，房间里安装着许多组摄像头，高级的扫描和成像技术能够捕捉、保存人体特征。其电影截图如图 1-28 所示。

图 1-28《未来学大会》（*The Congress*）截图

零点定理 *The Zero Theorem*（2013 年）

电影《零点定理》（*The Zero Theorem*）是一部相当抽象而又充满意象的科幻片，讲述的是计算机程序员科恩·莱斯试图破解零点定理的故事，其电影截图如图 1-29 所示。

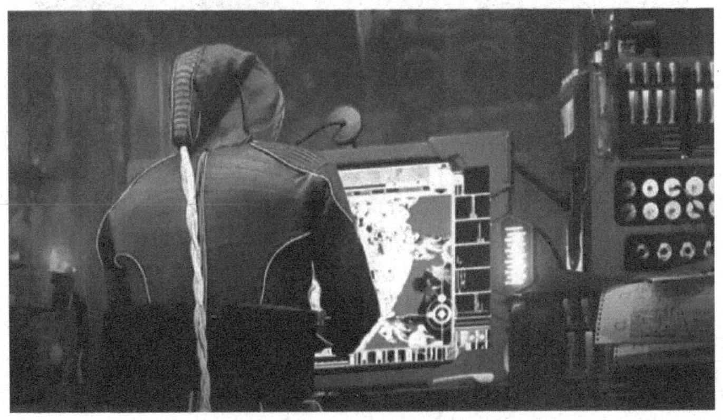

图 1-29《零点定理》（*The Zero Theorem*）截图

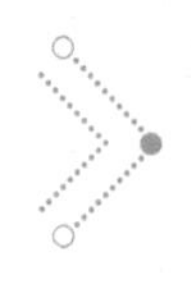

●触感 / 身体追踪

一套虚拟现实连体服覆盖了除脸部以外的整个身体，传递完整的跟踪和触觉反应。大脑神经通过像马尾辫一样的线缆连接计算机。

●头戴式显示器

用户直接跟计算机屏幕发生交互，只需要按下按键就可进入虚拟现实获得完整的感官沉浸。

●移动

在电影里只是短暂地显示了一下，通过脚踏来进行移动，并搭配了一个游戏手柄用于交互。

美国队长：内战 *Captain America: Civil War*（2016 年）

电影《美国队长：内战》（*Captain America: Civil War*）是一部基于漫威动漫的最新大片，描述了幕钢铁侠托尼·斯塔克闪回过去他最后一次看见自己父母的画面，结果斯塔克发现其实这一切都只是基于他本人的记忆而从他配戴的增强现实眼镜投射出来的影像而已。

●头戴式显示器

斯塔克的眼镜不仅可以投射出他自己的记忆影像，还可以根据他的喜好改变这些影像，就像我们对待自己的记忆那样。这项被称为 B.A.R.F. 的技术成功地将眼镜和神经系统里的海绵组织联系起来，后者被认为是大脑关于情绪和记忆的核心。其电影截图如图 1-30 所示。

图 1-30《美国队长：内战》（*Captain America: Civil War*）截图

在被称为“VR元年”的2016年，关于VR和AR的电影还有不少，如《节日：圣诞节VR》（*Holidays: Christmas VR*）（如图1-31所示）和《创意控制》（*Creative Control*）（如图1-32所示）。

图1-31《节日：圣诞节VR》（*Holidays: Christmas VR*）（2016年）

图1-32《创意控制》（*Creative Control*）（2016年）

不管是否百分之百的合理或行得通，好莱坞总是能利用虚拟现实/增强现实成功地取悦大众，并且一次又一次地将电影推向新的高度，这种趋势似乎并没有任何减缓的迹象。

1.2 虚拟现实和增强现实是什么

看过关于虚拟现实和增强现实的科幻小说和科幻片后，我们对于它们已经

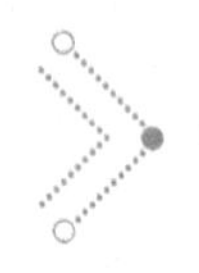

有了一些理解，下面我们需要进入具体的技术讲解环节。

准确地说，虚拟现实（VR）和增强现实（AR）并不是一种非常具体的技术，而是一个概念、一个目的。殊途同归，我们可以以各种或多或少有着差异的技术去实现虚拟现实和增强现实。

1.2.1 通过影响你的感觉建立虚拟世界

我们对世界的认知来源于我们的知觉，而知觉是各种感觉的结合。感觉可以分为以下两大类。

●外部感觉（如图 1-33 所示）

①视觉（视觉的感官是眼睛）

②听觉（听觉的感官是耳朵）

③嗅觉（嗅觉的感官是鼻子）

④味觉（味觉的感官是舌头）

⑤肤觉（肤觉的感官是全身的皮肤）

●内部感觉

①肌肉运动觉

②平衡觉

③内脏感觉

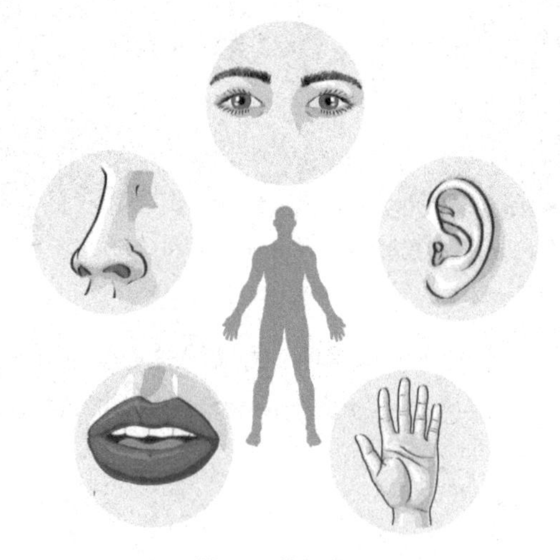

图 1-33 外部感觉

如果要创造出虚拟的感觉，从而建立一个虚拟的世界，那么就需要影响人体大脑的知觉。在科幻片《黑客帝国》中，是在人脑后插管，让人脑直接获取知觉信号。

《黑客帝国》的那种方式，非常科幻，还很不现实。目前，采取影响或者说模拟人体的各种感觉的方式，主要是视觉、听觉和动作交互。

●视觉

视觉就是影响人的眼睛。实际操作为佩戴头戴显示器，那么人眼看到的景物就是头戴显示器提供的。

●听觉

听觉就是影响人的耳朵。实际操作为佩戴（头戴显示器的）耳机，那么人耳听到的声音就是耳机提供的。

●动作交互

动作交互，其实包含了肤觉、肌肉运动觉、平衡觉等感觉的模拟。

肤觉：例如，让用户握着手柄玩射击游戏时，可以模拟出握着手枪之类物件的感觉。

肌肉运动觉：例如，在游戏中让用户握着手柄挥动，可以模拟出挥舞刀剑的感觉。

平衡觉：平衡觉为由于人体位置重力方向发生的变化刺激前庭感受器而产生的感觉，产生原因跟肌肉运动觉一样也是由人体运动而产生，用户戴着头戴显示器转动头部时会带来平衡觉的变化。

总体来说，动作交互可以看作通过模拟人在真实世界的各种动作，跟虚拟世界产生交互。坐过山车、开飞机、在月球行走……具体模拟什么动作行为，大家可以尽情想象。

1.2.2 VR/AR/MR 的概念和区别

我们接触到的 VR/AR/MR 这些名词到底是什么意思呢？

VR（Virtual Reality）：虚拟现实；

AR（Augmented Reality）：增强现实；

MR（Mix Reality）：混合现实。

需要注意，从根本上来说，VR、AR 和 MR 是一个概念、一个目的，而非一种具体的技术。

AR 和 MR 是两个容易混淆的概念，在不同时间点、依据不同相关人士的理解，表达的意思会有一定差异。在这里，采信的是当前最主流、最准确的说法。

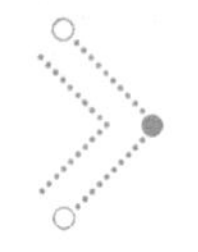

● VR（虚拟现实）

虚拟现实，就是创造出一个虚拟的世界。换言之，用户看到的东西是假的。

通过虚拟现实，能让用户感觉自己是在有别于现实世界的另一个世界行动。在技术上，目前都是通过佩戴 VR 眼镜来实现的。

VR 的场景基本上是一个由计算机运算产生的虚拟的世界。当然，还可以进一步导入现实世界的东西，例如在 VR 的世界导入用户身体或身体的一部分（典型的如手部）的扫描图像。这样做，其实也有点混合现实的意思。因为基本上也是基于 VR 眼镜来实现，我们一般也把这一类归在 VR 里面。

VR 头戴式显示设备包括外壳式、外接式、一体式。外壳式即适用于手机的 VR 盒子（如三星 Gear VR、谷歌首款 Daydream VR 头盔 Daydream View）；外接式即通过有线或无线连接，适用于 PC 或游戏主机的 VR 头显（Oculus Rift、HTC Vive、PS VR）；一体式即一体机（如 Oculus 最新发布的 Santa Cruz 等）。[1]

● AR（增强现实）

增强现实，是在现实世界加入由计算机运算产生的东西，从而达到一种比现实世界感觉更佳的效果。

在技术上，有多种实现方式，效果也有所差异。任天堂的 3DS 早已有了 AR 游戏，现在手机上也有很多 AR 游戏。更有代表性的 AR 设备是谷歌的 AR 眼镜 Google Glass，能在穿戴者的视野中叠加符号、图像和文本。基于谷歌的增强现实项目 Project Tango，全球第一台搭载 Tango AR 技术的 AR 手机联想 Phab 2 在 2016 年 11 月 1 日正式发售。

● MR（混合现实）

混合现实是将虚拟世界与现实场景融合起来，直至模糊了两者的界限，让人分不清眼前的景象哪些是虚拟的、哪些是现实的。

说起来，AR 和 MR 在概念定义上，同样同时具有虚拟和现实的元素，同样是两者的混合。要说区别，可以先看看谷歌的 Google Glass 和微软的全息眼镜 HoloLens 的区别。微软的 HoloLens 不仅能在穿戴者的视野中叠加符号、图像和文本，还可以叠加由计算机运算产生的虚拟图像。

1　参考2017年4月6日工业和信息化部电子技术标准化研究院、虚拟现实产业联盟标准委员会发布的《虚拟现实头戴式显示设备通用规范》相关界定。

例如，在 AR 游戏《精灵宝可梦 Go（*Pokemon Go*）》中，用户在手机上看到的图像，是在摄像头扫描的现实场景上叠加了游戏角色即精灵的混合图像，精灵图像的大小是固定的，不会随着用户的远近移动而缩小或变大，这就仅仅只是 AR；而如果将计算机运算产生的精灵的图像融入现实场景之中，就会更加 3D 立体化，符合现实世界中的透视法则，能随着用户的远近移动而缩小或变大，那就可称为 MR 了。再例如，在现实场景的墙上，挂上由计算机运算产生的一个钟，在 MR 上可以实现，那个钟会一直挂在墙上，不会随着用户的移动而发生位置的变更，但会随着观察者的方位变更缩小变大、旋转角度；但这在 AR 上是无法实现的，在 AR 上钟只能贴在屏幕上某个位置，无论用户怎样移动，钟还是贴在屏幕上的固定位置，也不会发生大小和角度的变更。

有一个问题是，微软的 HoloLens 以前一直被报道为 AR 眼镜，那么 HoloLens 到底是 AR 眼镜还是 MR 眼镜？ Hololens 上有一款制作电影的 app Actiongram，用它制作出来的视频本来就叫“混合现实电影”（MRCV，即 Mixed Reality Capture Video），谁能说 HoloLens 不就是 MR？关于 Hololens 是 AR 眼镜还是 MR 眼镜的定性问题，让我们看看微软自己的回答。

2016 年 6 月 1 日，微软的 CEO 萨提亚・纳德拉（Satya Nadella）自上任以来第二次来到中国，在第一站微软开发者峰会做了主题演讲，他谈到微软的全息眼镜 HoloLens，纠正了人们对 HoloLens 的认知，他将 HoloLens 称为一款混合现实设备，采用的是混合现实技术，而非媒体过去一年多一直称呼的增强现实。也就是说，按微软自己的说法，HoloLens 不是 AR 眼镜，是 MR 眼镜。

按这样的定义，如谷歌的 Google Glass 直接将虚拟图像叠加于现实场景之上的技术就是 AR，而如微软的 HoloLens 这样能将虚拟图像和现实场景和谐地融合起来的技术就是 MR。现在的手机能够实现 AR，但实现不了 MR。这么看来，AR 和 MR 的区别还是很明显的。

还有一个概念，CR（影像现实，Cinematic Reality）。这是 Magic Leap 公司所提出的概念，CR 直接从多角度将混合了虚拟世界和现实世界的画面投射于用户的视网膜，从而达到欺骗人脑的目的。Magic Leap 声称 CR 比微软的 MR 要好，不过截至目前，Magic Leap 至今都没有公开展示过自己的技术，不知道具体的实现方式如何。但是 Magic Leap 已经获得了谷歌和高通等多个巨头超过 45 亿美元的投资。Magic Leap 可能会在 2017 年的国际消费类电子产品展览会（International

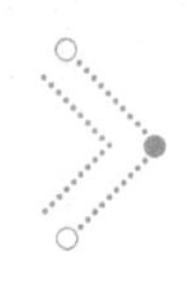

Consumer Electronics Show，简称 SEC）上展示一台高度完成的样机，让我们拭目以待。

说到底，CR 也是 MR，都是混合现实。Magic Leap 特别强调 CR 这个概念，以示跟 MR 的区别，当然，还有一个明确的目的就是为了宣传自家的产品。

MR 是通过处理后看到虚拟世界和现实场景的混合体。进一步来说，在 MR 中，现实场景这一部分，可以是数字化产生的，可以不等同于人眼直接看到的景象，而是摄像头扫描出来的图像。

Magic Leap 的技术是通过光波传导棱镜设计，从多角度将画面直接投射于用户的视网膜，从而影响大脑的视觉，而理论上还能像科幻大片《黑客帝国》中演的那样，在人脑后插管，完全欺骗人体的感觉，这更超越了 CR，可以将无论是 VR、AR 还是 MR 都发挥到了极致，在直接改变神经信号的情况下，都无所谓 VR、AR 或 MR 了。Magic Leap 的其中一张官方宣传图如图 1-34 所示。

图 1-34 Magic Leap 的官方宣传图之一

要了解 MR 这个概念，换一个角度来讲，也可以把 MR 当成一种追求，就是努力使自己的技术产品达到能让用户混淆虚拟和现实的境界。例如导航，用户戴上 AR 眼镜，在看到的现实场景之上直接叠加虚拟图像信息，这样的导航就是 AR 导航，现在就能实现了；而我们可以把想象力放开，想得更科幻，未来的 MR 导航可以实现得更美好，不仅能提供一些辅助信息，更可以通过像微软 HoloLens 这样的技术，在用户戴上 MR 眼镜后，在用户的身边出现一位真人比例的虚拟导游，代替真人导游，用语言和动作为用户指引、讲解，这样更接近真实的情景，给人的感觉更亲切，该虚拟导游也可以是各种动漫角色。

可以看到 MR 的场景不仅包括了 VR 的虚拟，还包括了现实，VR 技术的发展同样推动着 MR 技术的发展。微软就申请了一项专利——“增强现实和虚拟现实头显的电子调光组件”，HoloLens 全息眼镜同时实现 VR 在技术上是毫无问题的。不能说 MR 的技术更先进，就一定比 VR 要适用于用户，毕竟两者的侧重点不同，用户需求不同，而且在售价上，基本上 MR 眼镜肯定要比 VR 眼镜贵。如果用户只想享受 VR 当然是选择买 VR 眼镜更适合。

1.3 虚拟现实和增强现实的发展历程

要追溯虚拟现实和增强现实的历史，会一直追溯到非常遥远的过去。

美国雪城大学通信项目团队就曾绘制过一系列信息图，对虚拟现实技术和增强现实技术的进化史进行了概述。让我们来看看虚拟现实和增强现实技术的发展简史。

- 20 世纪 30 年代：飞机状训练舱（如图 1-35 所示）

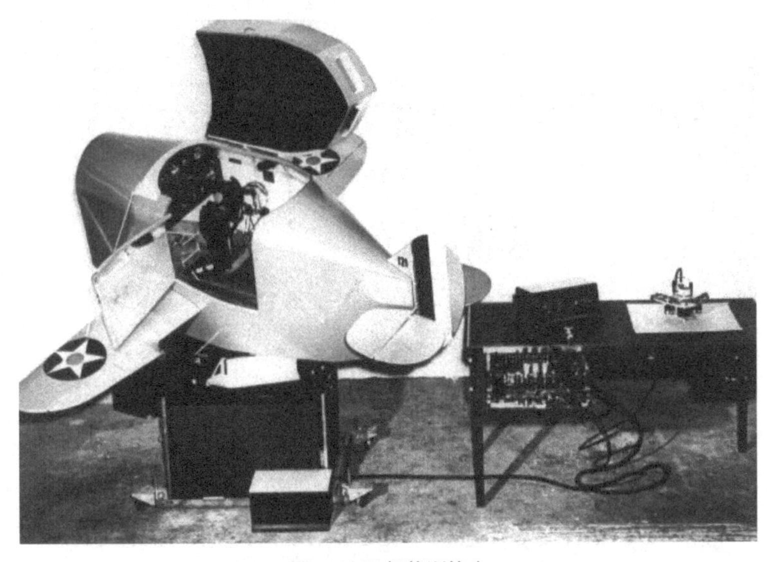

图 1-35 飞机状训练仓

1931 年，一种由电子机械提供动力的商业飞行模拟器获得专利，而且美国军方用 3500 美元买下了 6 台这种设备，约合今天的 5 万美元。

- 20 世纪 40 年代：Sawyer 公司的立体查看器（如图 1-36 所示）

图 1-36 Sawyer 公司的立体查看器

双目式图像卷轴查看器首次出现在 1931—1940 年的纽约世界博览会上，最初的计划是充当成年人的教育设备，但最后却成为了儿童玩具。估计其总销量超过 1 亿部，卷轴销量达 15 亿美元。这种设备安装在酚醛塑料（第一种人造塑料）盒子中可以查看有立体感的 3D 图片。

- 20 世纪 50 年代：仿真模拟器 Sensorama（如图 1-37 所示）

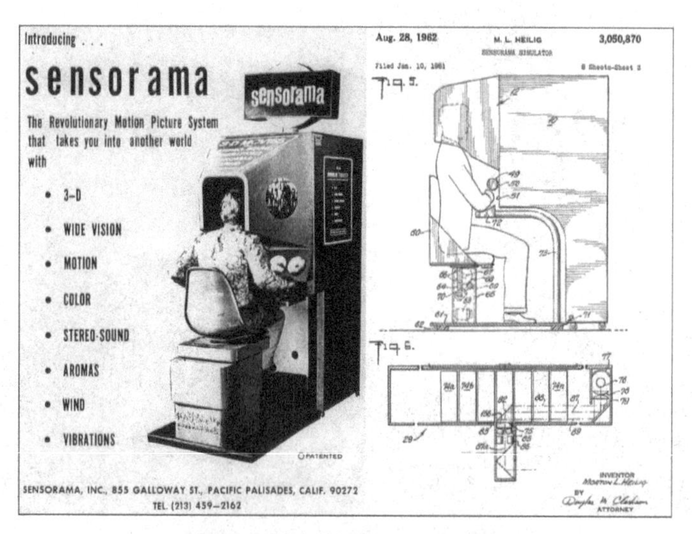

图 1-37 仿真模拟器 Sensorama

1957 年，摩登·海里戈（Morton Heilig）发明了仿真模拟器 Sensorama，并在 1962 年获得专利。Sensorama 可通过模拟各种感官提供完全沉浸式体验。它主要由立体声扬声器、立体 3D 显示器、风扇、气味发生器以及震动椅组成。看上去像坐在游戏机厅的游戏机前，把脑袋伸进一台老式电视机里一样。看着虽然滑稽，但传递出了准确的 VR 概念。鉴于当时的技术，生产出来的 Sensorama 很不成熟，无法带给用户满意的体验。就算是现在的 VR 眼镜也有很多不足。摩登·海里戈的理念确实非常超前，但他都没能看到虚拟现实技术开花结果。

Sensorama 是首款最接近现在技术的设备，在虚拟现实和增强现实技术的发展史上有着非常重要的地位。只可惜在那个年代，人们还未能认识到它的价值。

- 20 世纪 60 年代：Telesphere Mask（如图 1-38 所示）

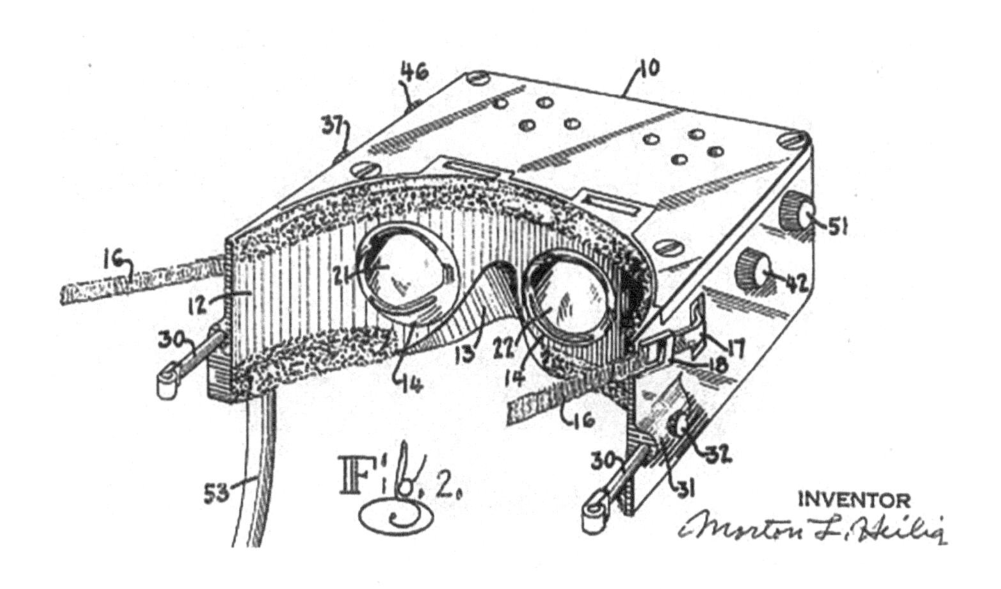

图 1-38 Telesphere Mask

Telesphere Mask 设备属于虚拟现实头盔，1960 年获得专利。它是第一款头戴式显示器，包括立体 3D 显示器、广角视觉和立体声，但缺少运动追踪功能。

- 20 世纪 90 年代：任天堂的虚拟现实主机 Virtual Boy（如图 1-39 所示）

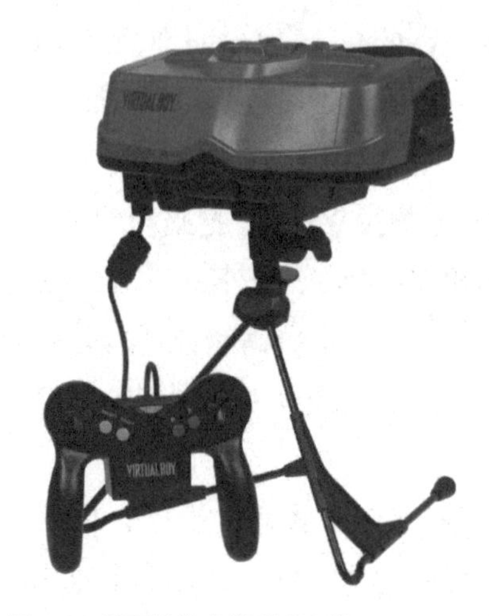

图 1-39 任天堂的虚拟现实主机 Virtual Boy

任天堂的 Virtual Boy 是首款家用虚拟现实游戏设备。这款游戏机没有头部跟踪或运动跟踪，利用双屏设计视差来创建 3D 效果。虽然任天堂把它定义为便携式游戏主机，但因为太重，要放到桌面才方便操作。图像显示问题很大，因为图像只是单色，用户玩起来容易头晕，而且电池续航也差。由于产品过于超前，营销仓促，就连任天堂自己在 Virtual Boy 上也没开发出什么好的游戏。最后 Virtual Boy 的销量约为 77 万台，非常失败。

- 2010 年：搭配微软游戏机使用的 Kinect（如图 1-40 所示）

图 1-40 搭配微软游戏机使用的 Kinect

Kinect 属于体感游戏系统，有着“三只眼”——彩色摄像头、红外投影机和红外摄像头，能够跟踪玩家的身体动作变化，使玩家跟屏幕上的虚拟世界互动。Kinect 的设计是相当先进的，在 2010 年 11 月 4 日上市后的头 60 天内，微软总计卖出了 800 万台 Kinect 设备，同时成功地拿下了“吉尼斯世界纪录中销售速度最快消费者设备”的头衔。但是后续乏力，终于全面溃败。Kinect 全面溃败的原因在于，不能提供足够有趣、足够数量的专属游戏。

● 2011 年：iPhone 虚拟现实查看器（如图 1-41 所示）

图 1-41 iPhone 虚拟现实查看器

iPhone 虚拟现实查看器实际上就是 3D iPhone 眼镜，可以提供沉浸式的三维视觉，支持 360° 移动，可以在现有的移动设备上使用。这是当前 VR 技术的萌芽产品，VR 从此开始慢慢热起来。

● 2012 年：VR 头戴显示器 Oculus Rift（如图 1-42 所示）

图 1-42 VR 头戴显示器 Oculus Rift

VR 头戴显示器 Oculus Rift，其众筹项目在众筹网站 Kickstarter 上一经上线，仅用了 3 天时间就筹到 100 万美元。2014 年，Oculus 公司被 Facebook 斥资

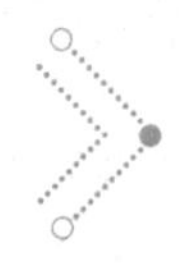

20 亿美元收购。当然，Oculus Rift 从项目上线、开发者版再到消费者版，经历了比较长的一段时间。

- 2014 年：谷歌纸板眼镜 Cardboard（如图 1-43 所示）

图 1-43 谷歌纸板眼镜 Cardboard

2014 年谷歌推出纸板眼镜 Cardboard，售价仅 15 美元，开售 19 个月就卖出 500 万部。当然用户也可以下载谷歌提供的图纸自己 DIY 一副 Cardboard。谷歌的 Cardboard 为 VR 的普及打下了广泛的群众基础。

- 2015 年：三星 Gear VR（如图 1-44 所示）

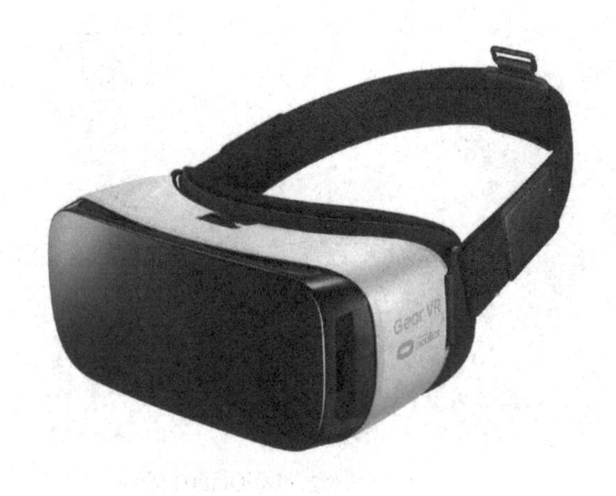

图 1-44 三星 Gear VR

三星的 Gear VR 是手机 VR 盒子的典范。三星 Gear VR 运用加速度计和陀螺仪进行头部跟踪，给用户带来的沉浸式感觉不错，但是仅支持三星手机。不过，众多科技公司迅速跟进，推出了数量相当多的手机 VR 盒子，虽然良莠不齐，但推动了 VR 的进一步普及。

- 2016 年：HTC Vive（如图 1-45 所示）

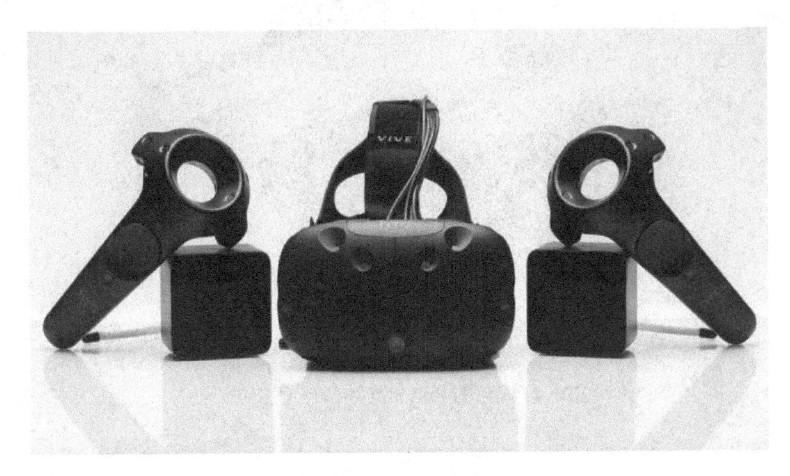

图 1-45 HTC Vive

适用于 PC 的 VR 眼镜 HTC Vive 在 2015 年发布，并在 2016 年推出了消费者版。HTC 公司在手机市场失利之后，将市场转到了 VR 上。HTC Vive 相当得优秀，只是售价跟 Oculus Rift 一样高。

- 2016 年：微软 HoloLens（如图 1-46 所示）

图 1-46 微软的 HoloLens

微软的 HoloLens 属于混合现实头显设备，开发者版的价格是 3000 美元。在

前面谈到混合现实（MR）的那部分已有介绍。

- 2016 年：索尼 PlayStation VR（如图 1-47 所示）

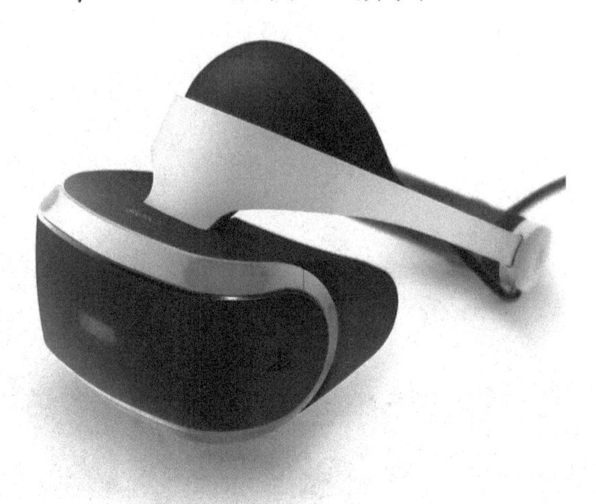

图 1-47 索尼的 PlayStation VR（PS VR）

索尼的 PlayStation VR（PS VR）是用于索尼游戏主机 PS4 的 VR 眼镜。因为基于成熟的游戏主机平台产生，虽然性能比不过 Oculus Rift 和 HTC Vive，但由于有相当数量的 VR 游戏阵容支持，销量相当不错。PS4 毕竟是在 VR 概念显露之前开发的，属于上一代的游戏主机，对 VR 的支持不够，还有很多提升的空间。于是索尼将推出 PS4 Pro 进行升级补救。

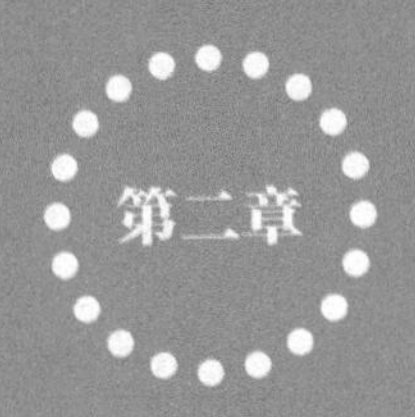

第二章

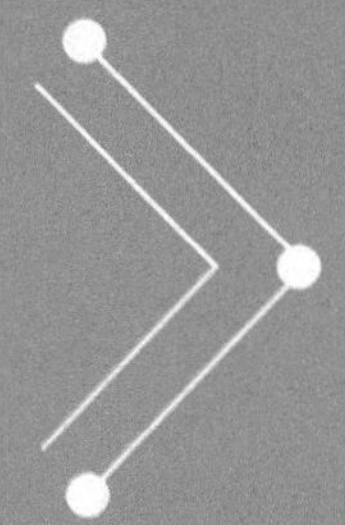

虚拟现实和增强现实的实现

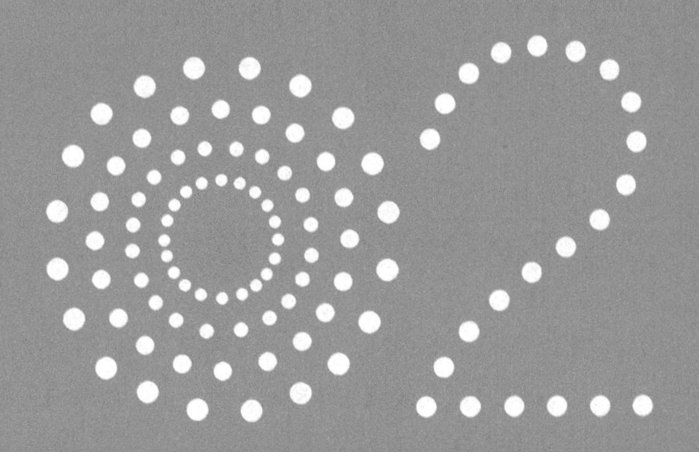

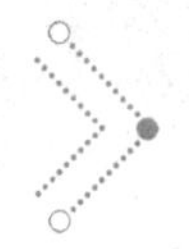

前面讲过，要想建立一个虚拟的世界，那么就需要欺骗人的各种感觉，具体来说主要是视觉、听觉和动作交互。要实现这些，需要依靠硬件的支持，当然还有相应的软件系统、软件内容的支持。

一般来说，视觉方面的硬件是头戴显示器，听觉方面的硬件是（头戴显示器的）耳机，另外还有关于动作交互方面的硬件。基本上是这样，但实际上还有一些相关的辅助设备，大家往下看自然就会明白。

2.1 硬件分类

这里介绍的硬件分类，以输出设备、输入设备和其他辅助外设三大类来划分。

●输出设备

上面讲过，视觉方面的硬件是头戴显示器，听觉方面的硬件是（头戴显示器的）耳机，不过耳机是集成在头戴显示器上的，两者同样属于输出设备（视觉与听觉），而且连为一体。

●输入设备

主要是各种基本的动作交互设备。这一类动作交互设备是必须有的，不可或缺。

●其他辅助外设

还有各种花样繁多的动作交互设备存在。这一类动作交互设备可以说是额外的，具有特殊的功能，能够对用户的体验起到加强效果。

2.1.1 输出设备（基础平台）

VR/AR/MR的输出设备一般为头戴显示器（简称“头显”）。头戴显示器覆盖了用户的眼睛以提供视觉信息，用户戴上头显后，外界的信号被屏蔽，接受的是来自头显的信号，仿佛来到了另一个世界，有着良好的沉浸感。还有耳机提供听觉信息，有的头显自带耳机，有的头显只提供耳机接口，耳机作为配件需要用户自备。

● VR头戴式显示设备包括外壳式、外接式、一体式。外壳式即适用于手机的VR盒子（如三星Gear VR、谷歌首款Daydream VR头盔Daydream View）；外接式即通过有线或无线连接，适用于PC或游戏主机的VR头显（Oculus Rift、HTC Vive、PS VR）；一体式即一体机（如Oculus最新发布的Santa Cruz等）。[1]

手机VR盒子很初级，适合入门，毕竟手机的像素不高，不过胜在够便宜；适用于PC或游戏主机的VR眼镜虽然能保证性能，但是不够便携；VR一体机要想保证性能，造价就会很昂贵。

此外，还有打着VR噱头的所谓“VR电视机”，然而体验比较尴尬，只是作为VR内容平台，提供大屏幕全景视频观看，沉浸感当然比不上覆盖用户双眼的VR眼镜。

● AR眼镜，如谷歌的Google Glass。

此外，3DS上有AR游戏，在手机上也可以实现AR。基于谷歌的增强现实项目 Project Tango，全球第一台搭载Tango AR技术的AR手机联想Phab 2在2016年11月1日正式发售。

● MR眼镜，如微软的HoloLens。

此外，Magic Leap的所谓CR，也是一种提供MR的眼镜。

2.1.2 输入设备（控制器）

输入设备方面，其实头戴显示器自带有输入设备、头部追踪设备和眼部追踪设备；另外还包括手柄、VR全向跑步机、运动跟踪设备、全景相机等。

●头部追踪设备

1 参考2017年4月6日工业和信息化部电子技术标准化研究院、虚拟现实产业联盟标准委员会发布的《虚拟现实头戴式显示设备通用规范》相关界定。

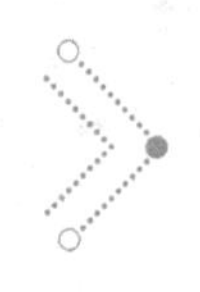

一般来说，头部追踪设备最基本的就是陀螺仪，但单靠陀螺仪当然不行。头部追踪设备，一种是 Inside-out Tracking，即让头显自己去检测环境变化，反向计算出 VR 头显自身的运动；另一种是 Outside-in Tracking，即使用外置的追踪设备，对头显进行追踪。手机的 VR 盒子可以依靠手机的摄像头提供运动图像，检测头部的运动，其实各种眼镜也可以这样，这属于第一种。VR 眼镜可以附带发光的二极管，再利用外部的摄像头来扫描跟踪，HTC Vive 的 Lighthouse 系统则利用的是光敏传感器，这些属于第二种。

●眼部追踪设备

头戴显示器内部的红外线传感器能够监控用户眼睛的运动。但在准确性上还有着技术方面的提升空间。

●运动跟踪设备

外置的运动跟踪设备，如摄像头、HTC Vive 的 Lighthouse 系统等，不仅可以跟踪头部的运动，还可以跟踪手柄、戴上特制手套之后手部的运动，甚至全身的运动。

●手柄

VR 眼镜基本上都有配套的操纵器，即（游戏）手柄。手柄能够提供手部的运动追踪，还有按键和摇杆提供控制。各家公司的 VR 眼镜都配有独具特色的手柄（如图 2-1 所示）。

图 2-1（游戏）手柄

● VR 全向跑步机

在第一章中介绍了许多如何在虚拟世界中移动的控制方式，但这些都是科幻，还不是现实。在实际应用中，很多公司的技术都只能做到像HTC Vive这样的，需要提供一个比较大的空间供用户移动，但这条件不容易满足。在这种情况下，VR全向跑步机就出现了（如图2-2所示），国内也有公司在研制这种产品。VR全向跑步机的空间需求相对较小，能较好地模拟脚部的各种移动。能够美妙地实现在虚拟空间无限的移动是VR全向跑步机的魅力，沉浸感不错，但是毕竟也是一台较大的设备，不能说对所有用户都适合。用VR全向跑步机很适合玩第一人称射击游戏之类的游戏，代入感超强，但问题是毕竟在虚拟世界和现实世界是同步运动，玩起来会很累。VR全向跑步机是否可以用来健身呢？不推荐这样做，毕竟是戴着头显在玩游戏，时间长了总会眩晕。

图2-2 全向跑步机

● VR全景相机

要想VR视频普及，发动更多人拍VR视频，专门的VR全景相机就必不可少。很多公司都在研制VR全景相机，如诺基亚研制的OZO（如图2-3所示）。从图中我们可以看到OZO外观相当科幻，为球体造型，在8个方向都有光学传感器和嵌入式麦克风，通过这种布局，不仅能全方向地将周围场景录制为视频，还能准确记录场景中声音的方位。

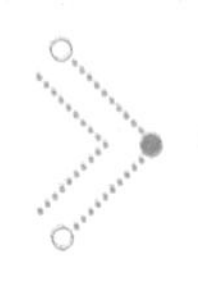

图 2-3 诺基亚研制的 OZO

2.2 新奇外设（其他辅助设备）

辅助外设这一类动作交互设备的外延是很广阔的，花样繁多，各有各的奇特效果。在这儿作为一个重要部分来详细介绍一下目前已经涌现的新奇外设设计。

一般而言，掌握核心科技的、有强劲实力的（大）公司已经在开发核心设备部分（包括输出设备和连带的输入设备），而辅助外设部分则成为小型的创业公司的发挥空间。

2.2.1 定义听觉空间，这是一款让你“耳听八方”的耳机

我们需要更好的 VR 耳机。

学习过生物的人会知道，人耳能够感知声音的方向。现在，有不少的耳机都利用这一点，强调声音的方位感：当用户带上耳机后，能够清楚地感知各个声音的位置，以满足还原声音现场感的需求。但这类耳机的发声位置总是固定在用户脑袋四周的一个半径极小的范围内，用户摇头时，声音却没有位置上的变化。

这种体验仅限于平时听音乐，假设这是“二维”的立体声，那么如果要在 VR 上使用，那就不行了，因为应用在 VR 上一定要是“三维”的。目前绝大部分的耳机发声装置不会与用户产生视觉联动，造成像有人黏在你的后脑勺上说

话、走路的感觉，一点也不真实。

2016年2月在众筹平台 Kickstarter上众筹的Ossic X耳机则解决了这一问题。它通过机内的8个发声单元营造一种根据现实环境的可变声场，达到能够与VR互动的拟真感。其创作团队OSSIC把这种耳机定义为3D耳机。

根据Gizmag的报道，这款3D耳机名为Ossic X，自身最大的亮点就是沉浸式头部跟踪技术。Ossic X内部由8个发声单元组成，这8个发声单元组成了一个3D发声阵列，能够配合特定的算法模拟出不同的声学环境，如电影院、音乐厅这种常见的场景。

这种通过多单元还原声音的现场感和数码味较重的数字虚拟环绕模拟（如三星之前用的DNSe 3D环绕声效技术及其后继技术 Soundalive音效等）还是有一定差异的。

更重要的是，Ossic X的核心卖点是HRTF（Head Related Transfer Function，头部相关变换函数）技术。这种技术是一种音效定位算法，它能够与Ossic X内部的8个发声单元结合，为使用者建立一个特定声学环境，如图2-4所示。在这个环境内，耳机会根据时下状态（游戏、VR视频）的声音，给使用者相应的反应。并且，它能够跟随用户在游戏中的动作改变声音。例如当你转头的时候，声源不会像以前一样跟着你的头转，你能够明确发声地的固定位置，真实感会比传统耳机要强。

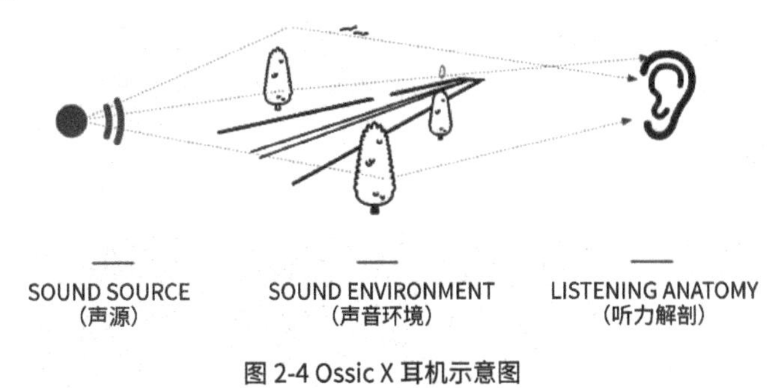

图2-4 Ossic X耳机示意图

OSSIC通过Pink Floyd（平克·弗洛伊德）的《Money》这首歌来向人们展示他们的产品效果。根据体验者的描述，当戴上耳机后，他们就会听到整个房间都回荡着歌声，似乎音乐并不是从左耳或是右耳发出的，更像是整个乐队正在其面前演出。

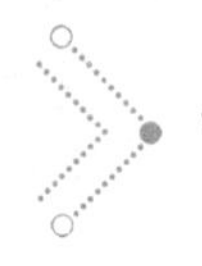

更重要的是，当他们转头时，歌声也会随之变化。如果头转向右边，音乐在右耳听起来比左耳听到的更清晰；而如果转过身来，就会感觉自己正背对着这些乐手。不管用户转向哪个角度，乐队听起来都像在最初的正前方位置表演。用户甚至能够很准确地辨别鼓手坐在房间的哪个位置，歌手在哪里唱歌，吉他手和贝斯手之间的距离有多远等。

这项技术或许会是音响行业的突破性进展。在 OSSIC 的席首执行官 Jason Riggs 看来，目前最重要的目标是进入 VR 市场。“我们想要创建出新的声音环境——定义听觉空间，让用户闭上眼睛后还能知道他们身处的环境，并把他们带到那个环境中去。”确实，虚拟现实总体上模拟的是视觉、触觉、听觉，相信 OSSIC 的这项技术应用于虚拟现实，更能增加“沉浸感”。

2.2.2 这是一款让你在虚拟现实中有“感觉”的设备

2016 年刚过不到两个月的时间，就有不少虚拟现实设备发布，不过虚拟现实设备不仅是头显，要想实现深度的沉浸感，一些配套设施必不可少。

学过生物的人都或多或少知道一点：我们身体内所有信息的传递都是靠流通在神经系统的微弱电脉冲信号来实现的，当我们触碰到某些东西的时候，这种触感会以电脉冲的形式通过我们的神经系统传递到大脑之中，让我们感受到，它是我们身体的“母语”。

目前正在众筹的 Teslasuit（如图 2-5 所示）可以说是世界上首款虚拟现实全身触控体验套件，而其工作原理——肌肉电刺激（EMS）技术，就是利用我们身体的“母语”。

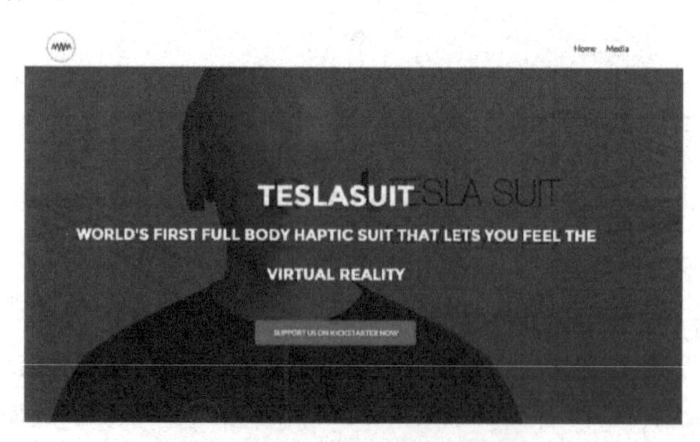

图 2-5 Teslasuit 的众筹页面截图

Teslasuit 用温和且轻微的电子脉冲来刺激身体，模拟出各种不同的感觉——在虚拟世界中体验拥抱的感觉、虚拟游戏里体验被子弹射中的感觉、在虚拟的沙漠里体验烈日当头的感觉等。相比较其他刺激方式，这种基于人体本身电信号的刺激更加真实。

用户戴上头盔之后，就能在虚拟现实里将视觉和身体的感觉完美融合，让你触摸游戏环境和游戏人物，并且让其他人物触摸你，体验各种不同的感觉，完全体会不到真实世界和虚拟世界之间的差别。

这套装备主要由以下部分组成。

1.T-Belt，搭载一颗四核 1G Hz 处理器、1GB 内存和一个 10000mAh 电池，就可以无线连接到市面上绝大多数的虚拟现实设备，如 Oculus、HTC Vive&Valve、微软 HoloLens 等。并且，通过 Wi-Fi 和蓝牙，它也能和游戏机（PSP 和 Xbox）、PC 电脑、平板电脑以及智能手机建立连接。T-Belt 是整套设备的主控单元。

2.T-Glove 手套，跟 T-Belt 类似能提供触觉反馈以及动作感应。用户戴上手套后可以在游戏中触摸物体并且把感知传送到大脑。T-Glove 还有助于提供玩家之间的触觉互动。

3. 智能衣，包含了动作捕捉系统、能传送从微风轻拂到重力狠踢各种不同力度的几十个小点，以及温度传感器。

Teslasuit 的应用范围十分广泛，远远不止游戏、虚拟约会、健康医疗、教育。目前 T-Suit DK Pioneer 软件包内就内置了一款漆弹射击运动游戏。这是第一款支持触觉反馈的虚拟现实游戏，它是一个多玩家第一人称射击游戏（FPS），支持 Teslasuit 和市场上几款主流的虚拟现实头盔。

这款游戏有多种模式：全部免费、团队死亡模式以及夺旗。玩家可以选择 4 个不同的角色：坦克、突击、狙击及医疗。在医疗训练方面，通过 Teslasuit 技术，可以真实模拟手术刀的把持感；在厨师训练上，可以练习刀工而不怕伤到手……为了更深的沉浸感，一套虚拟触觉装备想必是需要的。

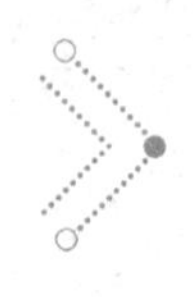

2.2.3 有一款叫 Finexus 的手控 VR 设备，能帮助你“解放”双手 [1]

玩过 xbox 的朋友们应该都有这样的感受——定位不准确。的确，使用体感摄像头来捕捉用户动作的 xbox 在捕捉用户动作方面做得略有些差强人意。如果你只是用 xbox 玩一玩切水果之类的游戏还好，如果玩一些诸如乒乓球之类的对动作细节捕捉要求比较高的游戏，xbox 很难精确感应到用户手部挥拍的变化，因此用户很难实现对游戏的精确控制。

除了 xbox，当下大热的虚拟现实技术也一直存在这么一个问题——如何精确捕捉用户在虚拟现实体验过程中的动作变化？

显然，体感摄像头不能满足这一需求——在动作捕捉方面，体感摄像头最多能够捕捉到用户身体的动作，如果用户使用虚拟现实技术来过一把“弹钢琴”的瘾，那么体感摄像头就无能为力了——它无法精确地捕捉到用户手指的变化。不仅如此，体感摄像头的感应范围也不大，对于那些场景较小的虚拟现实影像尚能勉强胜任，如果场景比较大，体感摄像头一样起不了任何作用。

为了解决这一问题，科技公司也是绞尽脑汁。起先，一些科技公司试图让用户通过手柄在虚拟现实世界进行各种各样的操作，但是这样会导致整个体验过程的沉浸感不强——因为用户需要花费大量的精力在手柄的操作上。

在使用手柄这条路行不通之后，科技公司又找到了一个新的方式——让用户在虚拟现实体验的过程中握着一根“操控杆”。这根操纵杆可以帮助用户在虚拟现实世界中进行“定位”。虽然操纵杆不需要用户特地进行操作，但手中持握一根操纵杆，不仅会对用户的活动产生限制，对于 VR 体验的沉浸感也有影响。

近日，VR 领头者 Oculus 联手美国华盛顿大学，推出了一个名叫 Finexus 的新项目。

Finexus 旨在为虚拟现实体验提供输入设备。通过 Finexus，用户可以轻易地在虚拟现实的世界里完成诸如写字、按扁汽泡纸、弹奏吉他、打字之类的对手指动作捕捉精度要求极高的活动。举个例子，一旦 Finexus 技术普及，钢琴家在举办音乐会时，就可以与现场观众互动，实现“大家一起弹”的效果。

Finexus 不仅测量精度高，还可以解放用户的双手，让用户不用再在虚拟现

1　本小节内容选自杨斯钧的作品。

实体验过程中拿着手柄或操控杆。

虽然，Finexus 目前尚未转化出成熟的设备，但其雏形已经初具规模。恰如图 2-6 所展示的那样，Finexus 由几个指甲盖大小的电磁铁和一个电磁铁感应器构成。而它的工作模式有点类似我们目前经常使用的 GPS 技术——电磁铁和传感器之间的举例是预先计算好的，每个电磁铁的位置一旦发生变化，传感器就能根据距离的变化确认电磁铁的位置。不仅如此，为了能够单独辨认每个电磁铁的位置，在使用过程中会让每个电磁铁在不同的频率下运行。目前，Finexus 可以将测量的精度控制在 1.3mm 之内。每个电磁铁的位置一旦发生变化，传感器就能根据距离的变化确认电磁铁的位置。

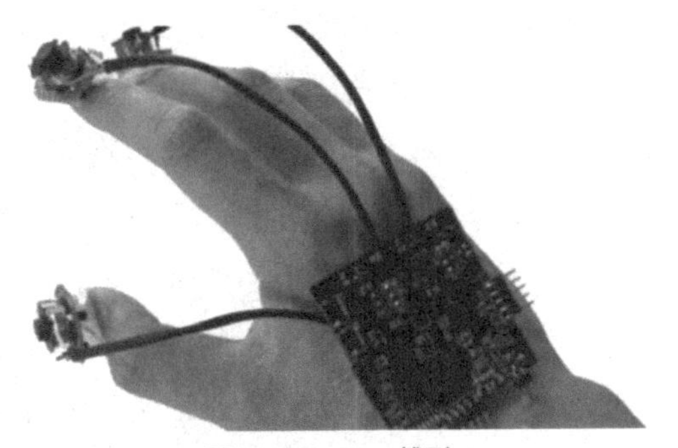

图 2-6 Finexus 雏形

看了图 2-6 所示的 Finexus 雏形，也许你会觉得它并不方便——虽然不需要用户在手中持握某个设备，但这么多导线相互连接也会影响到手部的操作。实际上，你完全不需要为此担心。

参与 Finexus 项目研发的 Keyu Chen 表示：Finexus 无需电磁铁和传感器之间有直接的连线。没有了这些连接线，Finexus 就显得方便了许多。只需要将传感器做成手表、手环之类的可穿戴设备，再将电磁铁贴在指甲上，用户就能够轻松地向虚拟现实环境中输入自己的动作指令。

相较于当下五花八门的虚拟现实操控杆，Finexus 项目打造的这款“电磁铁 + 传感器”的动作输入设备可以让用户直接使用双手在虚拟现实世界中进行各式各样的操作和互动。不仅如此，Finexus 项目还可以让虚拟现实世界中的交互变得更加贴近现实。

熟悉虚拟现实技术的朋友应该知道，当前虚拟现实技术的显示设备大都为头戴式，而头戴式显示设备很容易引起晕动症。并且由于用户在虚拟现实体验

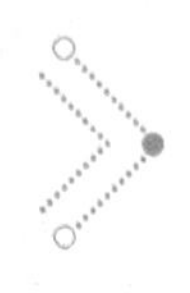

的过程中需要不断移动，改变自己的视角，这个时候也会导致画面焦点的变换，一旦用户移动速度偏快，就容易出现恶心的状况。

在这种情况下，如果再让用户分散精力对操纵杆之类的输入设备进行控制，势必会影响用户的整体体验感。不仅如此，在视觉疲劳的情况下，用户对操作杆的操作也很容易出现失误。而 Finexus 能解放用户的双手，让用户“直接使用自己的双手”在虚拟现实世界进行各式各样的操作，某种程度上来说可以分散用户视觉上的疲劳感。

美中不足的是，当前 Finexus 的传感器和电磁铁之间最大的识别距离仅有 12 厘米。Chen 表示，这一距离在未来很有可能扩充至 25 厘米。虽然如此，但这么短的识别距离势必会影响 Finexus 技术向全身范围的扩展。而如果在用户的四肢都配备上一个做成可穿戴设备形态的传感器和几块电磁铁，则显得太过累赘。

虽然 Finexus 的识别距离略短，但它能够在虚拟现实世界中很大程度地解放用户的双手。如果等到 Finexus 项目更加成熟时，也一定能为不少行业提供帮助。

以传媒行业为例：在大型晚会中，现场的观众可以直接通过 Finexus 技术与台上的主持人进行互动游戏；在音乐会上，观众也可以随着表演者的弹奏在座位上利用虚拟现实技术也过一把现场演奏的瘾；在虚拟现实新闻中，受众也可以直接利用 Finexus 技术在还原的新闻场景中自己移动物体，寻找新闻线索……

当然，这一切还只是预测，关于虚拟现实技术的未来目前尚无定论。没有人知道虚拟现实技术在未来会发展到一个怎样的层面，但是可以确定的是，随着技术的进步，虚拟现实技术一定会越来越成熟、越来越逼真、越来越人性化。

2.2.4 有触感、可浮空的 VR 超级外设，带你飞

随着 VR 设备以及越来越多的 VR 游戏的发布，现在有条件购买的玩家只要戴上头显，拿起游戏手柄或控制器，就能够在 VR 世界尽情地玩耍。但人类就是一种欲望无穷的生物，玩家们已经逐渐不满足于现有的 VR 输入设备了，他们想要在游戏中拥有更多功能，如完整的身体动态捕捉、触感等。

而人类同时也是一种能自我满足需求的生物，市场上有了这样的需求，当然就会出现解决这些需求的公司。最近美国的一家创业公司 AxonVR 就准备针

对这个操控真实感不足的问题，推出一款超级 VR 外设——Axon VR（如图 2-7 所示）。

图 2-7 Axon VR

Axon VR 是一整套系统的名称，它包括了 VR 眼镜、AxonSuit 特制服装、外骨骼 AxonSkelton、控制基站等。有了这套设备，完整的动作捕捉和游戏触感将变成现实。也许有人会说，做动态捕捉并不是一件难事。的确如此，现在也有很多公司在做，但 AxonVR 的压箱好戏并不是这个，而是触感以及浮空体验——系统中的超级芯片能够把虚拟世界中的触摸感模拟出来，并反馈给玩家。如遭受物体撞击，会有反作用力；触摸到崎岖的岩石，会有凹凸感；摸到发热的物体，会有热量反馈……

再来看看浮空感，简单来说，比如玩家在虚拟世界中走楼梯，越往上走位置就会越高。这时候外骨骼 AxonSkelton 就会发挥作用，它能够将玩家整个人拖吊起来，制造出一种浮空的感觉。当系统把浮空感、触觉、动态捕捉这些功能都加在一起，玩家或许就真的能够获得超级逼真的虚拟游戏体验（当然被设备捆住的感觉还是有的）。过去像 VR 手套、VR 飞行器、体感枪、VR 跑步机等设备，对于 VR 游戏的帮助并不全面，它们只是让 VR 多了某一方面的沉浸感。但是像 AxonVR 这样的设备，就做得相当全面了。

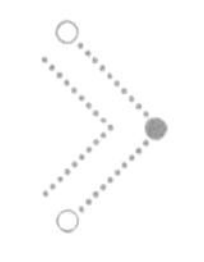

2.2.5 VR 背包式 PC，摆脱烦人的线缆牵制

适用于 PC 或游戏主机的 VR 眼镜，目前还没有无线的设备推出，需要线缆连接 PC 或游戏主机。线缆的牵制是相当烦人的，用户在使用中由于运动，很容易就不小心把线缆缠到一起。于是，有了 VR 背包（如图 2-8 所示）的需求空间。VR 背包的概念相当浅显，就是把主机当成背包背在身上，这样，用户在使用中就不会由于运动把线缆缠到一起了。

索泰的解决方案一开始很简单。他家的迷你 PC ZBOX，由于体积不大，可以装进双肩包里，用户再用线缆连接 VR 眼镜，就不会有线缆容易缠绕的困扰了。后来，索泰又推出了 VR 背包电脑 ZOTAC VR GO，这个才是一款专门用于 VR 的成熟产品。

微星也推出了专门为 VR 打造的 VR 背包电脑 MSI VR One 支持各主流 VR 眼镜，即 Oculus Rift、HTC vive 等，解决了 VR 眼镜在移动性方面的尴尬，提升了用户体验。

图 2-8 VR 背包

惠普的 Omen X VR 同样是这样的 VR 背包电脑。

还有清华同方，也推出了专门为 VR 打造的 Vest PC Ⅱ 背包电脑。

所有的 VR 背包电脑，除了价格较高外，还有一个问题，就是续航时间。目前的续航时间也就一小时左右。由于 VR 眼镜需求的配置不低，短时间内续航的问题不容易解决。

不过笔者有一个解决方案可供参考，可以从天花板拉一根有弹性的电源线下来连接背包，这样既能保证用户在房间内无限制移动，同时也不必担心续航问题。

2.2.6 VR 游戏旋转椅

坐在电脑前的你，不会不认识电脑椅吧？不过现在，你需要重新认识一下电脑椅——当传统的电脑椅演变成为 VR 游戏旋转椅。

一家总部位于伦敦的 VR 公司，在 KickStarter 上众筹了一款 VR 游戏旋转椅 Rotor VR（如图 2-9 所示），然而支持者远低于预期。众筹失败之后，Roto 幸运地拿到了一笔 30 万美元的融资，为公司继续研制新产品提供了资金支持，随后又发布了新版本的 VR 游戏旋转椅。

图 2-9 VR 游戏旋转椅 Rotor VR

VR 游戏旋转椅 Rotor VR，可以作为驾驶座模拟在 VR 游戏中驾驶车辆、飞机等的体验。Rotor 旋转椅有一个可活动的基座，能使用户坐在座椅上旋转从而改变朝向。Roto 旋转椅还为第一人称驾驶游戏专门作出了优化，有一个专门的“驾驶舱模式”来将椅子的旋转角度控制在游戏内旋转幅度的 10%，更好地模拟驾驶的方式。Roto 旋转椅还有一套踏板——Roto VR Touch Pedals 用于控制。

对 Rotor VR 旋转椅的操控大家不难想象，而 MMOne 的 VR 游戏旋转椅就比较“黑科技”了。Roto 旋转椅像普通电脑椅一样只能在一条轴上旋转，而

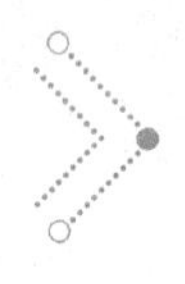

MMOne 的旋转椅（如图 2-10 所示）却能在 3 条轴上旋转，能有更酷的体验。

图 2-10 MMOne 的旋转椅

坐到 MMOne 的旋转椅上，你得像坐车一样系上安全带。在进行特技飞行之类游戏玩法时，逼真的倒挂旋转模拟体验无比刺激（如图 2-11 所示）。

图 2-11 MMOne 的旋转椅倒挂旋转

Rotor VR 旋转椅可以买来放在家里玩，取代原来普通电脑椅的位置，而 MMOne 的旋转椅更适合 VR 体验店或 VR 主题公园使用。

VR 游戏旋转椅的创意其实不错，不过总得跟相应的 VR 游戏搭配使用，但随着技术和内容的成熟，会研发出更加适合用户玩儿的设备。

用于各种神奇 VR 体验的设备还可以有很多很多，只要你能充分发挥想象力。例如，连接器大厂 TE 在 CEATEC（日本电子高新科技博览会）上展示的 VR 滑翔机（如图 2-12 所示）。只有真正体验过那款 VR 滑翔机的人才会知道，那种在天空翱翔的美妙感觉。

图 2-12 VR 滑翔机

除了上面所说的之外，还有什么新奇的 VR 外设呢？下面就有请各位相关的硬件创业者发挥脑洞了……

其实笔者也有研发 VR 外设的想法，不过跟头戴显示器的运作有很大不同，头显可以直接售卖，而外设需要头显的支持，只有头显占据了一定的市场，外设才好卖。像前面提到的 Rotor VR 众筹失败，如果现在 VR 已经大众化了，情况可能会有很大不同。还有，VR 外设的开发最好是软硬件结合，同时开发相应的游戏或行业应用。

2.3 技术难点

前面介绍过，建立虚拟世界主要在于视觉（头戴显示器）、听觉（耳机）和动作交互。

其中，VR 耳机这一部分在前面已有详尽的介绍了。VR 耳机的要求要比普通耳机高得多，但这不是影响用户沉浸感的最大障碍。最大障碍是视觉方面的显示效果和动作交互的实现。

●视觉——显示效果

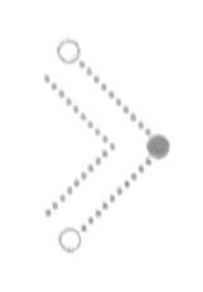

目前的头戴显示器的显示效果还远远低于用户的期望。分辨率和刷新率还远远不够。

因为头戴显示器是紧贴用户的双眼的，对分辨率的要求比放在距离用户一定距离的普通显示器要高。但在那么小的显示屏上要想提供足够的分辨率，是一件很难办到的事，还需要硬件研发团队继续努力。

刷新率低了，会导致显示延迟、拖影。不过在这一方面，Nvidia 有了解决方案。在 2016 年的全球商品交易中心（Global Trade Center， GTC）上，Nvidia 展示了一款最新的技术原型，宣布他们的新技术能够使分辨率达到惊人的 1700Hz！这是一个喜讯。

●动作交互

我们需要准确的动作交互，从而使用户在现实场景的动作跟虚拟世界的动作相对应。

●晕动症

为什么用户使用头戴显示器容易头晕？这种晕动症的产生，其实是视觉——显示效果和动作交互两者的结合。显示效果不好、动作交互不到位致使用户在现实场景的动作跟虚拟世界的动作不一致，两者都会导致用户产生晕动症。

显示效果方面，除了最直观的分辨率和刷新率，还有景深等问题。这些问题，随着科技发展迟早能一步步改善。

动作交互这一方面，要知道，用户在现实场景的动作跟虚拟世界的动作是几乎永远不可能达到一致的。那么，由于这个因素导致的晕动症也是永远不可能妥善解决的。就像有的人坐车晕车、坐船晕船一样，跟具体的个人身体情况有相当大的关系。而且，就算用户在现实场景的动作跟虚拟世界的动作真能达到一致，玩射击游戏、模拟飞行游戏时，由于激烈的运动，也是会有不适感。

晕动症虽然是一个永远无法完美解决的问题，但在当前，其实最新的头戴显示器的实际体验，还是能被用户接受的。当然，接受不等于感觉良好，或者说，只是能“受得了”，离“感觉很享受”还有相当远的距离，还需要硬件厂商继续改进。

除了硬件方面还不够好以外，阻碍虚拟现实技术普及的，还有相关软件内容的匮乏。需要内容开发者发挥创意，开发出更加适合用户的 VR 内容。

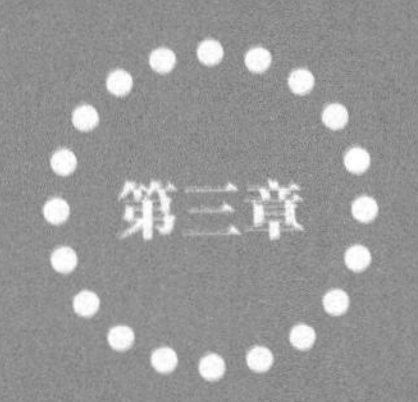

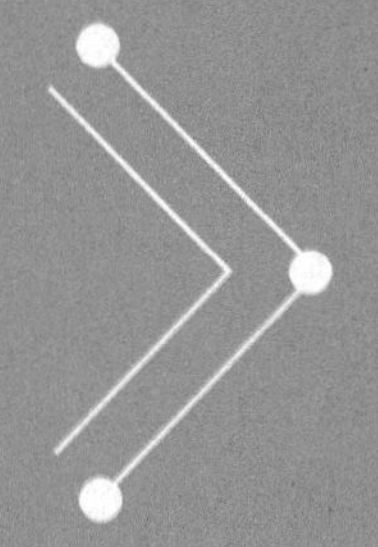

动作捕捉在 VR 中的应用

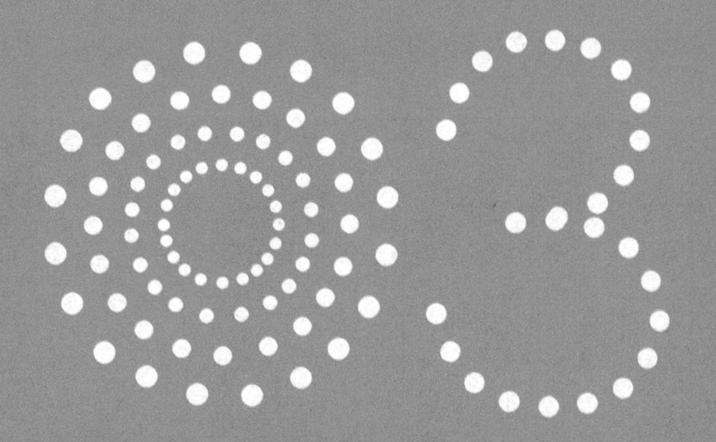

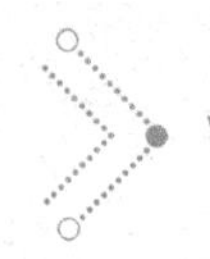

在目前的消费级 VR 设备中，除了三大头显（Oculus rift、HTC vive、PS VR）外，大部分的 VR 头显都不具备配套的体感交互（需要第三方设备），而正因为缺少了体感交互，使得这些设备未能构成完善的虚拟现实体验。

支持体感交互的 VR 设备能有效降低晕动症的发生，并大大提高沉浸感，其中最关键就是可以让用户的身体与虚拟世界中的各种场景互动。在体感交互技术中又可以细分出各种类别及产品，如体感座椅、跑步机、体感衣服、空间定位技术、动作捕捉技术等，如图 3-1 所示。

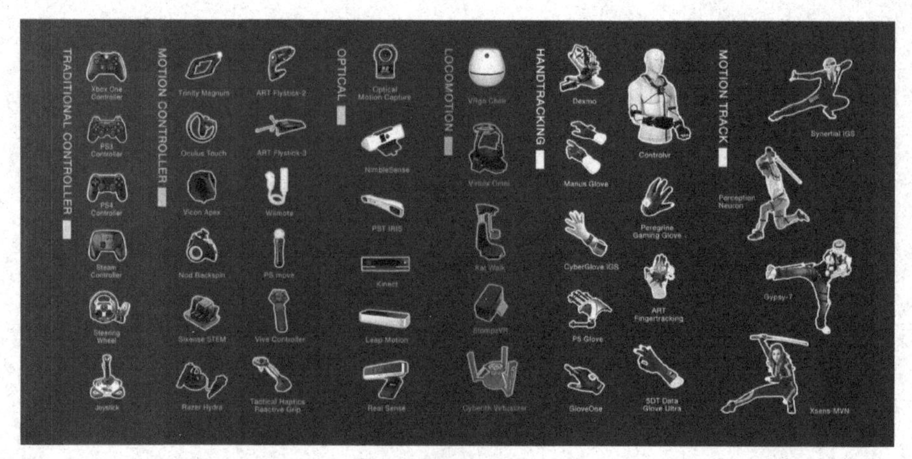

图 3-1 体感交互技术

下面主要讲述目前市面上关于 VR 常见的动作捕捉及空间定位技术。

3.1 激光定位技术

基本原理就是在空间内安装数个可发射激光的装置，对空间发射横竖两个方向扫射的激光，在被定位的物体上放置多个激光感应接收器，通过计算两束光线到达定位物体的角度差，从而得到物体的三维坐标。物体在移动时三维坐标也会跟着变化，便得到了动作信息，完成动作的捕捉。

代表：HTC Vive - Lighthouse 定位技术。

HTC Vive 的 Lighthouse 定位技术就是靠激光和光敏传感器来确定运动物体的位置，通过在空间对角线上安装 2 个高约 2 米的“灯塔”，灯塔每秒能发出 6 次激光束，内有 2 个扫描模块，分别在水平和垂直方向轮流对空间发射激光扫描定位空间（如图 3-2 所示）。

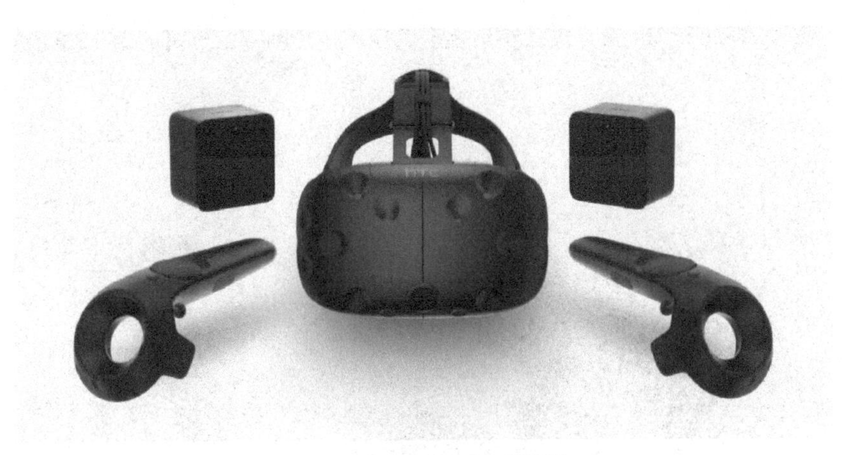

图 3-2 2 个小黑盒子即扫描模块

HTC Vive 的头显和 2 个手柄上安装有多达 70 个的光敏传感器，通过计算接收激光的时间来得到传感器位置相对于激光发射器的准确位置，利用头显和手柄上不同位置的多个光敏传感器得出头显 / 手柄的位置及方向。

●优点

激光定位技术的优势在于相对其他定位技术来说成本较低，定位精度高，不会因为遮挡而无法定位，宽容度高，也避免了复杂的程序运算，所以反应速度极快，几乎无延迟，同时可支持多个目标定位，可移动范围广。

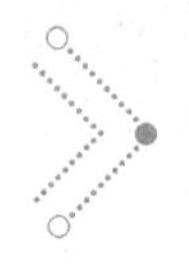

●缺点

不足的是，其利用机械方式来控制激光扫描，稳定性和耐用性较差，例如在使用 HTC Vive 时，如果灯塔抖动严重，可能会导致无法定位，随着使用时间的加长，机械结构磨损，也会导致定位失灵等故障。

3.2 红外光学定位技术

这种技术的基本原理是通过在空间内安装多个红外发射摄像头，从而对整个空间进行覆盖拍摄，被定位的物体表面则安装了红外反光点，摄像头发出的红外光再经反光点反射，随后捕捉到这些经反射的红外光，配合多个摄像头工作再通过后续程序计算后便能得到被定位物体的空间坐标。

代表：Oculus Rift 主动式红外光学定位技术＋九轴定位系统（如图 3-3 所示）。

图 3-3 Oculus Rift

与上述红外光学定位技术不同的是，Oculus Rift 采用的是主动式红外光学定位技术，其头显和手柄上放置的并非红外反光点，而是可以发出红外光的“红外灯”。

然后利用两台摄像机进行拍摄，需要注意的是，这两台摄像机加装了红外光滤波片，所以摄像机能捕捉到的仅有头显 / 手柄上发出的红外光，随后再利用程序计算得到头显 / 手柄的空间坐标。

相比红外光学定位技术利用摄像头发出的红外光再经由被追踪物体的反射获取红外光，Oculus Rift 的主动式红外光学定位技术，则直接在被追踪物体上安装红外发射器发出红外光被摄像头获取。

另外 Oculus Rift 上还内置了九轴传感器，其作用是当红外光学定位发生遮挡或模糊时，利用九轴传感器来计算设备的空间位置信息，从而获得更高精度的定位。

●优点

标准的红外光学定位技术同样有着非常高的定位精度，而且延迟率也很低，不足的是这全套设备加起来成本非常高，而且使用起来很麻烦，需要在空间内搭建非常多的摄像机，所以这技术目前一般为商业使用。

而 Oculus Rift 的主动式红外光学定位技术 + 九轴定位系统则大大降低了红外光学定位技术的复杂程度，其不用在摄像头上安装红外发射器，也不用散布太多的摄像头（只有两个），使用起来很方便，同时相对 HTC Vive 的灯塔也有着很长的使用寿命。

●缺点

不足的是，由于摄像头的视角有限，Oculus Rift 不能在太大的活动范围使用，可交互的面积大概为 1.5 米 ×1.5 米，此外也不支持太多物体的定位。

3.3 可见光定位技术

可见光定位技术的原理和红外光学定位技术有点相似，同样采用摄像头捕捉被追踪物体的位置信息，只是其不再利用红外光，而是直接利用可见光，在不同的被追踪物体上安装能发出不同颜色的发光灯，摄像头捕捉到这些颜色光点从而区分不同的被追踪物体以及位置信息。

代表：PS VR（如图 3-4 所示）。

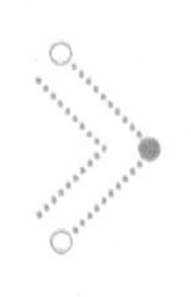

图 3-4 PS VR

索尼的 PS VR 采用的便是上述技术，很多人以为 PS VR 头显上发出的蓝光只是用来装饰的，实际是用于被摄像头获取，从而计算位置信息。而 2 个体感手柄则分别带有可发出天蓝色和粉红色光的灯，之后利用双目摄像头获取到这些灯光信息后，便能计算出光球的空间坐标。

●优点

相比前面两种技术，可见光定位技术的造价成本最低，而且无需后续复杂的算法，技术实现难度不大，这也就是 PS VR 价格便宜的其中一个原因，而且灵敏度很高，稳定性和耐用性强，是最容易普及的一种方案。

●缺点

这种技术定位精度相对较差，抗遮挡性差，如果灯光被遮挡则位置信息无法确认；而且对环境也有一定的使用限制，假如周围光线太强，灯光被削弱，可能无法定位，如果使用空气中有相同色光则可能导致定位错乱；同时也由于摄像头视角原因，可移动范围小，灯光数量有限，可追踪目标不多。

3.4 计算机视觉动作捕捉技术

这项技术基于计算机视觉原理，由多个高速相机从不同角度对运动目标进行拍摄。当目标的运动轨迹被多台摄像机获取后，通过后续程序的运算，便能在计算机中得到目标的轨迹信息，也就完成了动作的捕捉。

代表：Leap Motion 手势识别技术（如图 3-5 所示）。

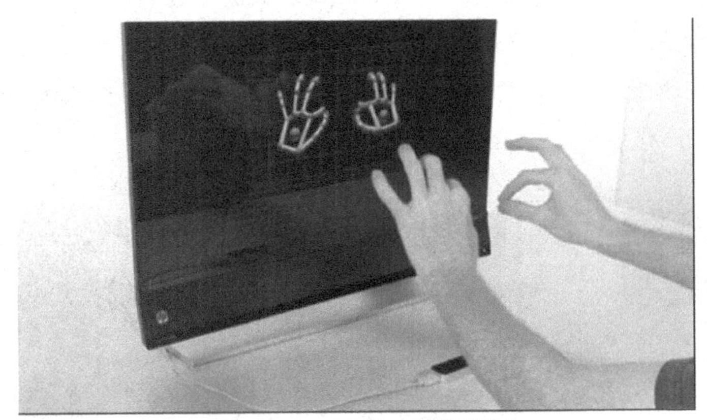

图 3-5 Leap Motion 手势识别

Leap Motion 在 VR 应用中的手势识别技术便利用了上述的技术原理，其在 VR 头显前部安装了 2 个摄像头，利用双目立体视觉成像原理，通过 2 个摄像机来提取包括三维位置在内的信息进行手势的动作捕捉和识别，建立手部立体模型和运动轨迹，从而实现手部的体感交互。

●优点

采用这种技术的好处是可以利用少量的摄像机对监测区域的多目标进行动作捕捉，大物体定位精度高，同时被监测对象不需要穿戴和拿取任何定位设备，约束性小，更接近真实的体感交互体验。

●缺点

这种技术需要庞大的程序计算量，对硬件设备有一定的配置要求，同时受外界环境影响大，比如环境光线昏暗、背景杂乱、有遮挡物等都无法很好地完成动作捕捉；此外捕捉的动作如果不是合理的摄像机视角以及程序处理影响等，对于比较精细的动作可能无法准确捕捉。

3.5 基于惯性传感器的动作捕捉技术

采用这种技术，被追踪目标需要在重要节点上佩戴集成加速度计、陀螺仪

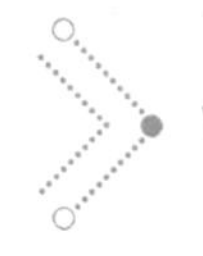

和磁力计等惯性传感器设备，这是一整套的动作捕捉系统，需要多个元器件协同工作，其由惯性器件和数据处理单元组成。数据处理单元利用惯性器件采集到的运动学信息，当目标在运动时，这些元器件的位置信息被改变，从而得到目标运动的轨迹，之后再通过惯性导航原理便可完成运动目标的动作捕捉。

代表：诺亦腾 Perception Neuron（如图 3-6 所示）。

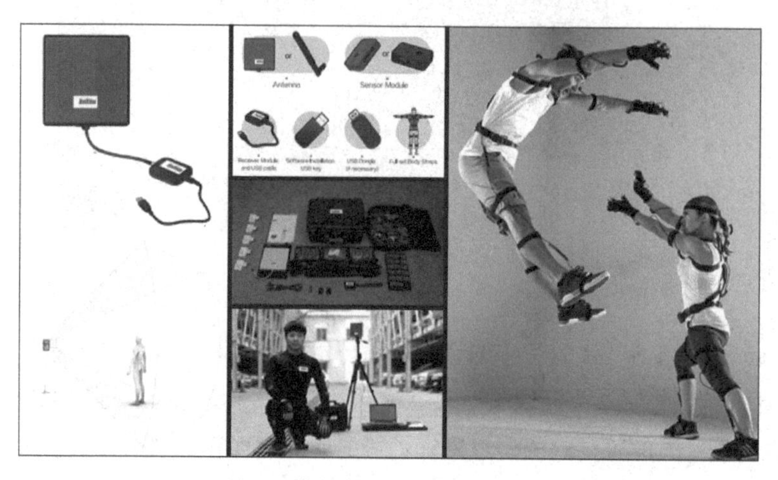

图 3-6 诺亦腾 Perception Neuron

Perception Neuron 是一套灵活的动作捕捉系统，使用者需要将这套设备穿戴在身体相关的部位上，如手部的捕捉需要戴一个“手套”。其子节点模块体积比硬币还小，却集成了加速度计、陀螺仪以及磁力计的惯性测量传感器，之后便可以完成单臂、全身、手指等精巧动作及大动态的奔跑跳跃等的动作捕捉，可以说是上述的动作捕捉技术中可捕捉信息量最大的一个，而且可以无线传输数据。

●优点

相比以上的动作捕捉技术，基于惯性传感器的动作捕捉技术受外界的影响小，不用在使用空间上安装“灯塔”、摄像头等杂乱部件，而且可获取的动作信息量大、灵敏度高、动态性能好、可移动范围广，体感交互也完全接近真实的交互体验。

●缺点

比较不足的是，需要将这套设备穿戴在身体，可能会造成一定的累赘，同时由于传感器的工作需要进行积分计算，持续使用有数据的累积误差，需要再次校准。

3.6 各种动作捕捉技术小结

这么多的动作捕捉技术中，每种技术都有各自的优缺点，如 HTC Vive 的激光定位技术精度高、可移动范围广，但稳定性和耐用性差，虽然 Oculus Rift 的主动式红外光学定位技术解决了这个不足，但可移动范围却成了短板。

综合来看，目前应用在 VR 上最实用的还是 HTC Vive 的激光定位技术，毕竟在消费级别里面其能实现最大范围的空间定位和交互，而且定位精度非常高。

但在理想情况下其实还是诺亦腾的基于惯性传感器的动作捕捉技术比较好，既能实现更为精细的动作捕捉又满足更大空间的游走，不过这套系统目前还是主要应用在商业上。

2016 年年初，诺亦腾发布了一套混合动作姿态捕捉支撑的虚拟现实商用解决方案——Project Alice（如图 3-7 所示）。“混合”是指将基于传感器的惯性动作捕捉和光学动作捕捉结合起来，光学动作捕捉能进行精准的、绝对的定位，但容易被遮挡。Project Alice 的动作捕捉则不怕遮挡，提供光线被遮挡后的数据。只依靠动作捕捉的话，则达不到混合形式的精准程度。两者相结合取长补短，既能提升精度与空间运动范围，又能降低成本，可谓一举两得，让我们对于动作捕捉的未来又有了更多的期待。

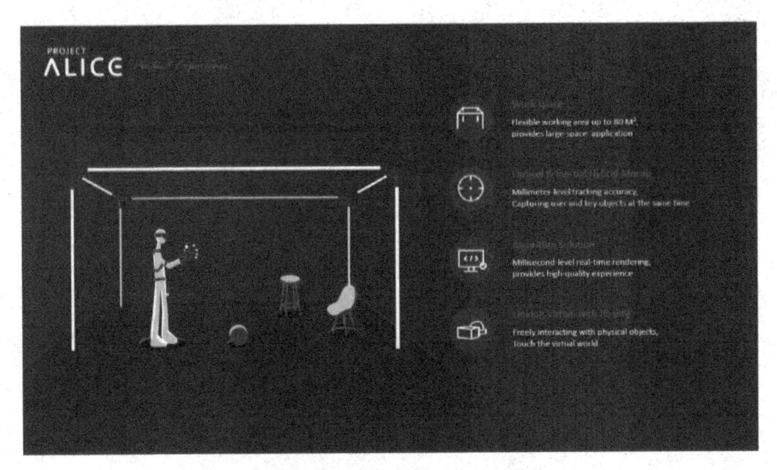

图 3-7 Project Alice

（为保证专业性，本章特邀请诺亦腾撰写。）

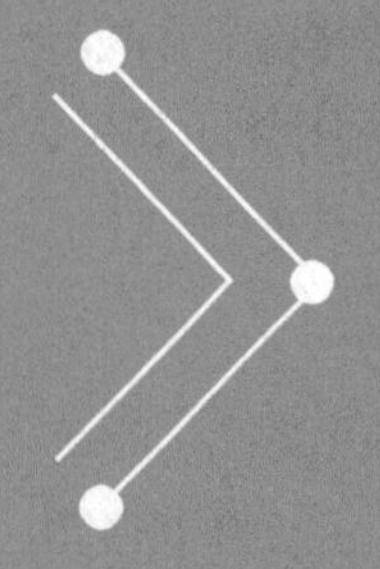

三维手势交互

毫无疑问，2016 年是 VR 爆发的元年，人机交互技术也随之成为人们关注的聚焦点。当前而言，人机交互已经从以计算机为中心转移到以人为中心的发展阶段。人们开始将人机技术与虚拟环境结合应用于各行业领域，但成熟的虚拟现实技术需要三维人机交互高度自然化，人机交互技术的应用潜力巨大且已展现。

当前在市场上或研究室中，常见的人机交互技术有空间定位、动作识别（捕捉）、语音识别、眼动识别、脑电波识别等。姿态识别技术是发展得较快的领域之一，姿态识别技术分为基于数据手套（传感器）和基于计算机视觉两大类。基于数据手套（传感器）的手势（姿态）识别需穿戴传感设备，具有灵敏性（高灵敏度，刷新速度快）的特点。但不足的是使用者必须依赖于设备，并且各种平台设备之间的连接需要定制。相对而言，基于计算机视觉识别技术对使用者没有限制，实现的交互方式更贴近日常行为方式，但其处理数据庞大、算法复杂、技术门槛高。

4.1 三维手势交互技术的基本原理

目前在 VR/AR 的人机交互场景中，人们迫切希望看到自己的真手，并使用自己的双手和 VR/AR 中的虚拟物体进行自然地直接互动。

三维手势交互首先需要骨骼的三维深度信息，可以直接使用这些信息驱动物理模型，直接和虚拟物体产生捏取、抓握等各种自然交互；也可以选取多帧

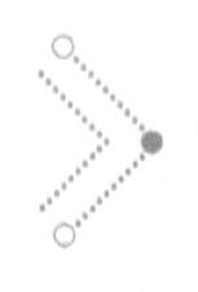

三维数据，提取模式，定义为手势，达到手势识别的效果。手势识别分二维手势识别和三维手势识别。相比二维手势识别技术，三维手势识别需要使用多个摄像头，因为单个普通摄像头无法提供深度信息。双目摄像头实际上就是在模拟人眼工作的原理，只有使用两台摄像机对当前环境进行拍摄，才能得到两幅针对同一物体的不同视角照片。

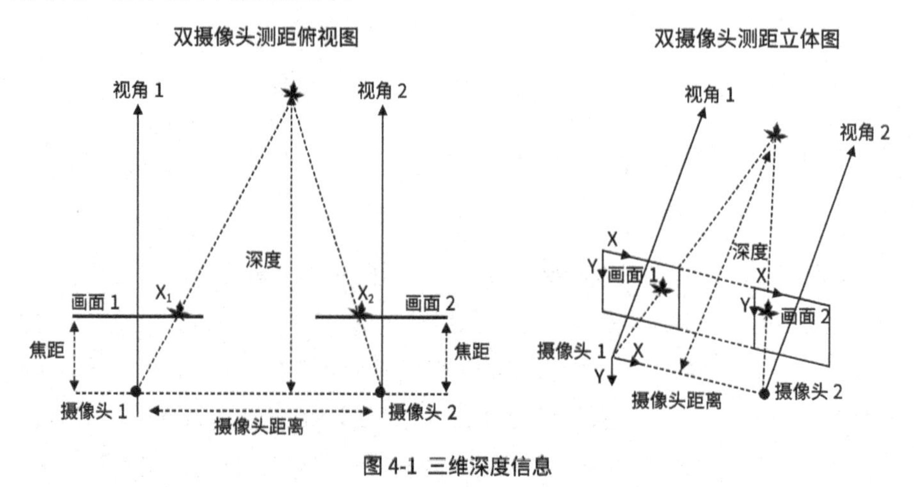

图 4-1 三维深度信息

例如，我们拍一片枫叶，两台摄像机的各项参数以及它们之间相对位置的关系是已知的，只要找出相同物体（枫叶）在不同画面中的位置，我们就能通过算法计算出这个物体（枫叶）距离摄像头的深度了，如图 4-1 所示。

如何取得手部骨骼的三维坐标，是三维交互技术的核心。uSens 凌感人机三维手势交互技术以 3D 骨架模型为手势分析对象，通过 22 个手部关节点、26 个自由度的识别和跟踪，辨别单双手的各种手部姿态，包括点击、滑动、抓取、抚摸、翻转、握拳、鼓掌、赞、OK 手势等。

4.2 手势识别技术发展的 3 个阶段

手势识别技术是三维手势交互技术的重要组成部分，从发展过程来说，也经历了从低到高的发展阶段。

第一阶段主要是对“静态手势”的识别，从技术上来说，实现的可能性相对容易。“静态”是这种二维手势识别技术的重要特征，这种技术只能识别手势的“状态”，而不能感知手势的“持续变化”。例如，如果将这种技术用在猜拳上的话，它可以识别出石头、剪刀和布的手势状态。但是对除此之外的手势，它就一无所知了。所以，这种技术是一种模式匹配技术，通过计算机视觉算法分析图像，和预设的图像模式进行比对，从而理解这种手势的含义。

这种技术的不足之处在于只可以识别预设好的状态，拓展性差、控制感弱，使用者只能实现最基础的人机交互功能。虽然看起来它处于初级阶段，但是它是识别复杂手势的第一步，也是起点。而且从应用上来说，我们的确能实现通过手势和计算机互动。想象一下，你一边吃饭一边用计算机看视频，但距离远也不想起身。这时只要做个手势，计算机识别后就可以切换视频，比你起身去滑动鼠标更为方便。

第二阶段是对“动态手势”的识别，从技术上来说，实现的可能性比静态稍难一些，但仍不包含深度信息提取，因为深度信息提取仍然停留在二维层面识别上。这种技术不仅可以识别手型，还可以识别一些简单的二维手势动作，如对着摄像头挥挥手。其代表公司是以色列的 PointGrab、EyeSight 和 ExtremeReality。

二维手势识别拥有动态的特征，可以追踪手势的运动，进而识别将手势和手部运动结合在一起的复杂动作。这样一来，我们就把手势识别的范围真正拓展到二维平面。我们不仅可以通过手势来控制计算机视频的播放、暂停，还可以实现前进、后退、向上翻页、向下滚动这些需要二维坐标变更信息的复杂操作。

这种技术虽然在硬件要求上和二维手型识别并无区别，但是得益于更加先进的计算机视觉算法，可以获得更加丰富的人机交互内容。在使用体验上也能得到提高，从纯粹的状态控制，变成比较丰富的平面控制，这种技术已经被集成到电视里。

第三阶段是实现自然手势识别——三维手势识别技术实现。三维手势识别需要的输入包含深度的信息，可以识别各种手型、手势和动作。相比于前两种二维手势识别技术，三维手势识别不能只使用单个普通摄像头，因为单个普通摄像头无法提供深度信息。要得到深度信息需要特别的硬件，目前主要有 3 种硬件实现方式。再加上新的先进的计算机视觉软件算法就可以实现三维手势识别。

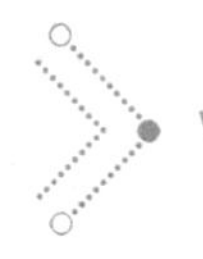

1. 结构光（Structure Light）：结构光的代表应用产品是 PrimeSense 公司为大名鼎鼎的微软家 XBOX 360 所做的 Kinect 一代。

2. 光飞时间（Time of Flight）：光飞时间是 SoftKinetic 公司所采用的技术，该公司为业界巨鳄 Intel 提供带手势识别功能的三维摄像头。同时，微软新一代 Kinect 也使用了这一硬件技术。

3. 多角成像（Multi-camera）：多角成像这一技术的代表产品是 Leap Motion 公司的同名产品和 uSens 凌感公司的 Fingo。

4.3 三维手势交互技术与 VR 结合的意义与应用

目前而言，VR 头显是 VR 领域发展最为迅速的产品形式。我们曾调查过很多初次体验 VR 头显的用户，当他们初次置身于一个陌生的虚拟环境中时，通常来说首先想做的动作就是用手去触摸感知。但现实却是，大部分 VR/AR 头显设备完全不具备这个功能，个别设备支持有限的手部交互功能，这就是三维手势交互技术在 VR 领域的价值所在。计算机是否能通过各种技术实现对手的定位和识别，决定了虚拟现实技术是否能到达下一个层次的体验。

通过手势来进行人机交互，符合人体的原始认知，就能创造深度沉浸感。正如上文所说，目前实现这种交互的方式主要有两种：一种是使用传感器设备，用户需要穿戴装置或手持外设；另一种是直接用自然手势交互。前一种方式，现在主要应用于重度游戏玩家、射击竞速等大型游戏。VR/AR 要能呈现好的效果就必须有较强的沉浸感（临场感），而沉浸感较强的 VR/AR 一般具有知觉渠道多、情节统合完整、参与感强等特点。

三维手势交互技术则有助于实现超强的临场感。例如，如果我们要在 VR 中去拿一个苹果。在去拿这个苹果之前，我们就有心理和认知预设，知道苹果是圆的，我们需要把手掌张大，五个指头一起去抓。但如果我们不用手去抓取，而要用手柄去抓苹果，就与人本身的行为习惯是相悖的，与真实世界的动作逻辑不符合，我们就会感觉“跳戏”，这种“跳戏”的感觉会提醒我们，我们现在看到的 VR/AR 环境都不是真的！大大降低了 VR/AR 的沉浸感。另外，还有重要的一点就是力反馈问题。

在现实生活中，我们抓到苹果后，苹果光滑的表皮、温度都会给我们的手一个力反馈，但是目前在 VR/AR 里还不能完全达到。因此，自然交互将成为 VR/AR 将要攻克的技术难题，三维手势交互技术在 VR/AR 中的应用与结合也势在必行。

4.4 更多自由度的全自然手势交互技术

我国的 uSens 凌感已实现 26 自由度全自然手势交互技术。

而对于 uSens 凌感而言，三维手势交互技术是最具核心竞争力的技术，为 VR/AR 提供最自然的交互形式是其终极目标。uSens 凌感的 Fingo 模组（如图 4-2 所示）集成了 uSens 凌感的 26 自由度手势追踪技术，实现对手部 22 个关节点，26 个自由度的识别。Fingo 精准度高，延迟低，可适用于 AR 眼镜、VR 头显硬件，以及教育、医疗、地产、游戏等 VR、AR 内容开发者，也可以与机器人、无人机等硬件整合，直接用手进行人机交互。目前，uSens 凌感的自然手势交互技术已经开始与游戏、教育等行业结合应用，希望在真实世界、人与虚拟世界中打造一个完美的自然交互体验。

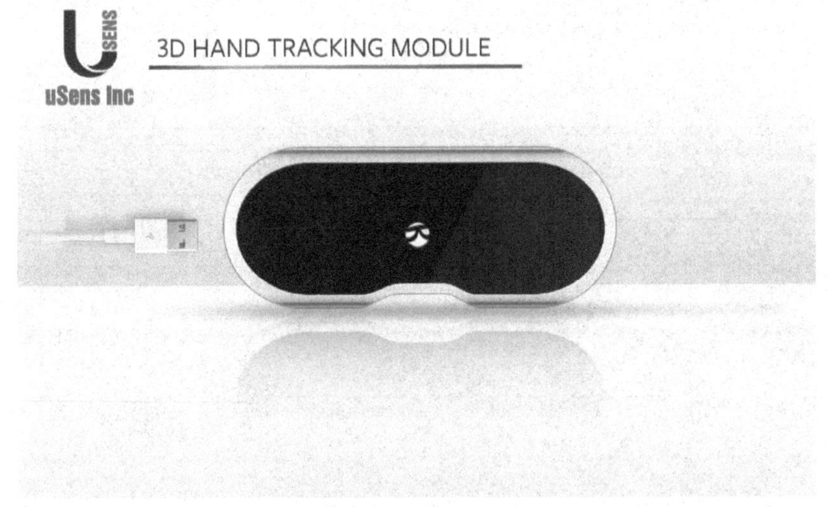

图 4-2 uSens 凌感的 Fingo 模组

（为保证专业性，本章特邀请 uSens 凌感科技撰写。）

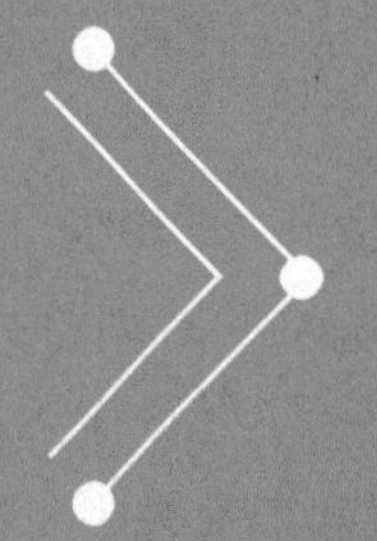

当影视遇上虚拟现实

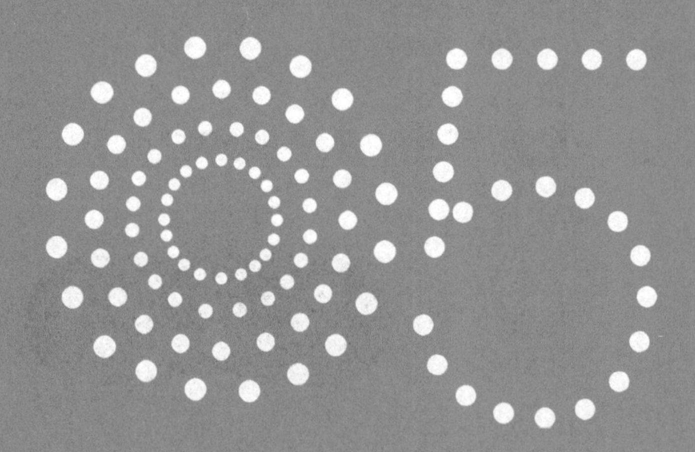

VR 影视是一个全新的舞台，带给观众无限遐想的空间，也带给影视创作人全新的发挥空间。对 VR 影视制作感兴趣的人很多，已有不少人尝鲜实际进行 VR 影视的摄制。2015 年年末，国内首部 VR 电影《活到最后》推出；2016 年，张艺谋、高群书等传统影片导演对于 VR 电影表现出的兴趣更令这个话题炒得更热……相比传统电影，VR 影视的拍摄手法和叙事方式都是崭新的，下面让我们来一起探讨。

5.1 VR 影视的创作理论

这里介绍一下关于 VR 影视摄制必须具备的基础知识，一些摄制中必然遭遇的问题，一些能给 VR 影视创作带来启发的相关经验、资料，以及对创作思路的系统总结。

VR 视频有什么特性？要体现这些特性需要克服什么问题？ VR 视频能有多大的发挥空间？怎样充分发挥 VR 视频的特性？

5.1.1 VR 视频与全景视频

跟 VR 视频相关的概念有以下 3 点。

1. 直接观看无需 VR 眼镜的全景视频

不用佩戴 VR 眼镜就可以直接观看，可以上下左右改变视角，360° 观看的

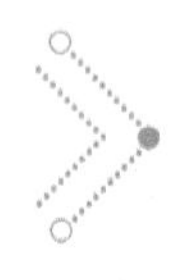

视频，改变视角除了利用陀螺仪外，还可以直接用鼠标点住拖动。

2. 用 VR 眼镜观看的全景视频

需要佩戴 VR 眼镜才可以观看，观看效果跟上面的一样，只是针对 VR 眼镜对视频的格式进行了转换，分为左眼和右眼两个窗口。如图 5-1 所示。

3. 用 VR 眼镜观看的 VR 视频

视频也是分为左眼和右眼两个窗口，需要佩戴 VR 眼镜才可以观看，但除了上下左右改变视角之外，更可以移动观看的位置。

这 3 类视频在网上都能找到。现在有的视频门户网站已经为全景视频、VR 视频设立了专门的频道，因为 VR 视频源比较少，通常跟全景视频合并到一起。对于初次接触的人来说，这三类视频容易混淆，下面详解其中的差别。

图 5-1 普通全景视频的呈现方式

“目前市场上 80% 以上的 VR 应用都是李鬼，是伪 VR，它们与刚起步的 VR 产品混淆在一起，长远来看将减缓 VR 行业的发展速度。”阿吉比科技的 CEO 王巍在自己公司的产品发布会上，就 VR 应用的现状用“伪 VR”这个词表达了自己的观点。不可否认的是，VR 已然成为最火爆的行业之一，但目前行业整体仍处于初级阶段，市场上 VR 内容的发展还跟不上 VR 硬件设备的发展。王巍的观点中提到的伪 VR，其实指的是 360° 全景视频。

VR 投资的热捧让许多企业都想搭上这趟资本的狂欢列车，将 360° 全景视频当成 VR 视频来宣传是惯用的手法；还有各种媒体的新闻标题、文章标题，各个“标题党”，他们的编辑或许都没有对 VR 有浅显的了解，只知道什么事只要扯上 VR 二字就可以赚流量；各种 VR 设备（主要是国内厂商）所配套的 APP 上提供的某些内容，打着 VR 视频的旗号，实际上都是一些 3D 视频、全景视频冒充的……公众在铺天盖地的 VR 宣传浪潮中还没弄明白 VR 视频的真正含义时，就已经被两者搞混了。

能在场景里自由走动的 VR 视频才能被称作真正的 VR 视频。而全景视频，则是指观众可以在拍摄角度的上下左右 360° 任意观看的动态视频。Sightpano 的 CEO 张海浪在中国数字娱乐 VR 产业峰会也讲道：“全景视频不等于 VR 视频，全景视频是连续的动态全景图，借助于虚拟现实头盔观看的 VR 视频有两个最基本的特点：一个是要有交互性；二是要有立体的呈现方式。同时，VR 交互视频有 3 个重要的特性，即沉浸感、同在感和交互性。”全景视频跟 VR 视频最明显的区别就是不能进行深度互动。

目前有两种比较常见的全景视频拍摄模式，这样的模式所制成的成品只需要通过视频播放器就可以来进行播放。第一种，我们通过全景拍摄器材拍摄到一条或者几条视频，后期拼接以后，得到的是一张 2∶1 的全景图。这也是国内大多数全景视频的解决方案，或许有些企业会实时地通过 CG（Computer Graphics，计算机视觉艺术设计）技术添上一些场景、模块，但本质上还是基础的拼接。YouTube 上提供的也是 2∶1 的 MP4 全景视频。拍摄的素材会被处理成一个球形，而你就站在球形的中间，所以能看到一个全景的“假象”。第二种，是把全景图变成一个六面正方体，把你放在正方体的中心。据了解，目前 Facebook 网站采用的就是这种解决方案。

以全景视频的记录方式来说，你只能在视频中扭头，但不能在场景里自由走动，即便通过一些方法能在“场景”（球体或正方体里）走动（如百度地图上的街景功能），也不能绕着视频中的演员走动，因为所有影像都是固定在球面或正方体上的“假象”。同样，在前期拍摄全景视频的时候，即使采用了摄像机移动的拍法，但在最后的全景视频的成片里，你也只能跟着摄像机的移动来移动，而并非在场景里自由走动。另外微软也提供了一种解决方案，即通过对演员做全方位扫描，在计算机里重新创造他们的肢体、动作、衣服的质感。但这样的解决方案是通过 CG 来重现的，而不是通过纯粹的拍摄。严格意义上讲，这也不能算是全景视频，而且这种技术目前只能重现一个很小的空间，毕竟工

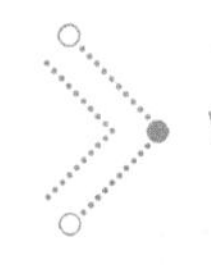

作量太大了。

VR 视频必须比全景视频更先进一步，能让观众在场景里自由走动、随意观看，更可以让观众跟场景深度互动。至于是怎样的互动，在下面的章节会有进一步的详细说明。

顺便一提，就在今年（2016 年）8 月初，某专业 IT 媒体网站上刊登的一篇某作者关于探讨 VR 技术是否能颠覆影院的文章，就犯了如前面所述的认知错误。其认为 VR 视频的拍摄不是问题，网上已经到处都是优质的 VR 视频资源，VR 摄影设备已经很普及，就连谷歌原生安卓系统手机的相机也可以拍摄 VR 视频。这一篇文章是将 360° 全景视频跟 VR 视频混为一谈了。

5.1.2 要拍好一部 VR 电影有多难

了解全景视频和 VR 视频的区别之后，我们来谈谈 VR 视频中的一大类——VR 电影。从 2015 年开始，就有不少 VR 影片陆续进入我们的视线。这些 VR 影片用当下最先进的 VR 电影摄制技术，让观众体验了 VR 的魔力。如 2015 年圣诞节，NBA 球星詹姆斯就联手 Facebook 旗下 VR 厂商 Oculus，发布了一个 12 分钟的 VR 小电影——《追求伟大》。在这部 VR 电影中，还原了詹姆斯为了 NBA 比赛而进行的相应训练；2016 年 1 月，卢卡斯电影的全息《星球大战》、虚拟与增强现实融合的《Leviathan Project》和《Immersive Explorers》这 3 个虚拟现实电影项目登陆圣丹斯电影节；国内著名的 VR 公司“兰亭数字”也联合青年导演林菁菁，耗时数月，花费数十万元，实验性地拍摄了有着 12 分钟剧情的首部 VR 微电影——《活到最后》。

在部分人的眼中，VR 电影就是意味着有着比 3D 电影还要逼真的荧幕画面，但其实这还只是虚拟现实技术的一部分。让使用者可以随意选择视角、可以在虚构的故事场景中通过变换位置进行移动、360° 的视觉呈现，能够实时地与场景中的构成元素互动，这才是 VR 电影的终极体验。

例如，在我们观看《侏罗纪世界》时，除了能够以主角视角来欣赏侏罗纪主题公园外，当恐龙出现时，观众可以通过陀螺仪的作用扭转头部来对恐龙进行全方位地观察，这就意味着恐龙既有可能从观众的身边走过，也有可能从观众的头顶掠过。当我们看到地上的爪印时，我们可以去测量、去做倒模……

相比传统电影，VR 影视的拍摄手法和叙事方式都是全新的，更为要紧的是，按照目前的表现手法，受限于 VR 硬件的最佳体验，VR 影片的长度也只能在 10~15 分钟之内。尽管如此，尝鲜 VR 影视的虽大有人在，但我们仍很难看到真正具有颠覆性话题的作品出现。

在一场 Oculus Connect 2 的交流会里，数名好莱坞 VR 电影的制作人提出了这样一个议题："如果深度互动的 VR 视频已经成为可能，当演员在演戏的时候，你可以打开他们身后的门离开那个场景，去看看别的地方，这样的设置其实是不利于讲故事的。"因为传统的戏剧和电影，就是一个主动或者说强制"入梦"的一个过程，你的眼睛基本不会离开屏幕与舞台。但如果观众能在 VR 视频里自由行走，这对 VR 电影的制作人来说是件非常头疼的事。即便是 Oculus Story Studio 制作的两个动画，也是极力地使用各种手法去吸引、限制观众的注意力，让他们的注意力落到某一个点上。

要达到前文中所举到的《侏罗纪世界》的效果，拍摄电影时摄像机就要必须始终与观看者的头部运动同步，而观看者的行为是随机的、不可预测的，观众一种视角的选择也就意味着对另外一种视角的放弃。

例如一个精彩的爆炸场面，可能会因为观众正在观察另外一个方向而错过，更为夸张的描述是，你看完了整部 VR 版《侏罗纪世界》却发现自己一只恐龙都没有看见的情况也是有可能存在的。斯坦福大学实验室主管 Jeremy 称，由于是 360° 拍摄影片，所以不可能将观众的注意力集中在任何一样东西上。"导演们都非常聪明，在传统电影中他们会告诉你什么时候该看，并且该看向何处。然而在 VR 电影中，观众可以想看哪里就看哪里。"这是 VR 电影在拍摄时的难点之一，即如何营造全知视角，然而又能将观众拉回主线情节。

《活到最后》在制作过程中也发现，虽然在技术上不断克服瓶颈，但是作为有剧情的 12 分钟的 VR 电影，最难的还是如何让观众将注意力放在剧情上。在《活到最后》里，虽然演员在走位，但是观众依然需要左顾右盼，一不小心就会跟不上剧情，而这同时也是目前 VR 电影无法实现长篇的关键因素之一。

首部 VR 美剧《Gone》（如图 5-2 所示）讲述了一位母亲寻找自己女儿的故事。不同于传统的剧集，观众可以与剧集进行交互：在《Gone》中有一些时效性的区域，在它们消失之前观众可以进行缩放，如果观众盯着这些区域看，会解开一些秘密剧情或发掘出不同的剧情线索。交互式剧情的创作需要精心的设计，并且发展出不同的主线或辅线剧情，还得确保所有的可能性结局不会让观众迷糊。

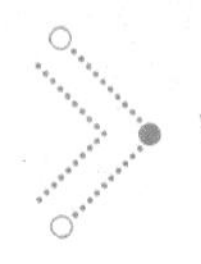

图 5-2《Gone》拍摄现场

从《Gone》的模式来看，虚拟现实电影并非是头盔为观众还原出一个虚拟的院线和屏幕那么简单。考虑到 VR 的沉浸交互性，需要导演从拍摄、画面、设景等多方面考虑，有时候甚至要重新为虚拟互动而组织剧情，这样一来创作难度大大加深，成本也就上去了。《活到最后》投拍方兰亭数字的联合创始人庄继顺也说："我们接触了几个国内知名导演，不少导演对于 VR 电影很感兴趣，但在初期接触后全部都犹豫了。"其中一位导演问了他一个问题："等开拍的时候，我站在哪指挥？"这让他无言以对。

这是一个很现实的问题，因为从拍摄方式来说，VR 视频需要全程为观众展现 360° 的全景镜头。这就要求除了演员之外，包括导演在内的所有工作人员都不能进入摄影棚，也就意味着导演只能在场外把控整体的剧情及拍摄进程。

所以当庄继顺听到张艺谋、高群书等导演要去拍摄 VR 影片的消息时，其实他并不是非常乐观的。同之前所述，传统大片的导演在 VR 方面同样是"两眼一抹黑"，并没有特别多的优势。"当时导演来到片场的第一句话就是'我站哪？'"这是此前庄继顺在接受媒体采访时屡次提起的桥段。"从导演逻辑、镜头语言、拍摄设备、制作流程以及最后使用的后期软件都是完全不同。"庄继顺说，除此之外，还需要解决导演监看、美术设置、一镜到底和灯光穿帮等问题。

热波科技的张庆浩比较全面地总结了 VR 电影拍摄的几大难点，如下所示。

- 首先从编剧开始，必须要改成适合 VR 表现形式的剧本。

●为了解决光线穿帮和 360° 视角的问题，大多数 VR 电影都需要重新搭景，而且目前 VR 终端的分辨率做不了大场景。

●在传统影片中会出现的工具在 VR 电影的拍摄中，都是不能出现的，例如录音的麦克风、导演的监看器以及现场的一些设备的走线。

●必须避免大量的运动镜头。大量运动镜头的出现会导致用户在使用 VR 设备时更加有眩晕感。

●避免演员出现在镜头之间。以第一部 VR 电影《活到最后》为例，由于拍摄画面的拼接问题，偶尔会出现演员穿过两个相机所拍的画面的接缝处时出现重影。

●整体团队，不管是导演、编剧，还是现场的拍摄人员必须从一开始就具有拼接意识的存在。

据不完全统计，目前好莱坞已有十多位导演开始尝试 VR 电影的制作，面世的作品已有近十部。就电影行业来看，在好莱坞，VR 技术已经开始促使一些片商进入基于头盔的 360° 全景电影，这是拍摄虚拟现实电影的前奏。但已经上映的 VR 电影无一例外都在 10 分钟左右，平均时长为 3 分钟左右；暂不谈观看效果，仅在制作成本上，此前一部已经面世的 6 分钟电影，其成本已经达到了千万元级。

资金、还有前面提到的几点是目前制约 VR 电影的主要因素，所以并不是所有的题材都适合以 VR 的形式呈现，那什么题材适合以 VR 的形式呈现呢？纪录片倒是个不错的选择。前不久，财新传媒于第四届反贫困与儿童发展国际研讨会上发布了一部虚拟现实纪录片——《山村里的幼儿园》，被视为国内首部虚拟现实纪录片。

运用 VR 技术展示，能使得人类大脑对于画面的感知升级到另一个时间与空间的层次。对影片观众来说，360° 沉浸式体验能够引发共鸣，激发深层的同理心，能够促使社会各界对人类社会发展中的各种问题有更加深刻的思考，能够更深入地理解电影主题。

VR 电影想要更好看，除了硬件技术的发展外，更重要的是导演如何在 360° 的场景里向观众做出恰当的引导，让 VR 技术同剧情融合起来，以便更强烈地刺激观众的感官神经。

电影的内容创作仍是用心和用脑的创作，VR 电影只是一种表现手段，并不是电影的终极状态，VR 要想被所有观众所接受并不是易事。电影最有价值的方面，永远都不是视觉上的感官刺激，而是不可替代的故事情节和想象力。

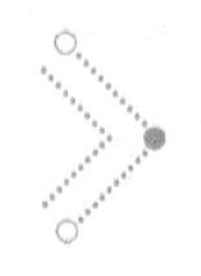

5.1.3 浸没式戏剧与 VR 电影[1]

前文谈到了拍摄 VR 电影困难重重，如何拍摄一部真正意义上的 VR 电影也是一个正在热议的话题。业界都在尝试如何拍好一部真正意义上的 VR 电影。伪 VR 电影《禁闭》的制片人高慕楠表示，他们专门为 VR 写了这部电影的剧本，整个故事只有一个封闭的场景，可以给观众一个很好的临场感；他们还发现，拍摄 VR 电影不能有很多剪辑，因为剪辑会影响沉浸感，所以必须进行许多彩排，从而在拍摄的时候能够一镜到底。

在这里，要引入一个概念，那就是浸没式戏剧（Immersive Theatre）。浸没式戏剧的概念最早起源于英国，近年来在国际上十分流行，它打破了传统戏剧演员在台上、观众坐台下的观演方式。演员在表演空间中移动，观众也可采取更自性的观看方式，甚至参与其中。根据观剧视角的不同，剧情也会呈现出相应的不同。看到这里，是不是感觉特别熟悉呢？没错，这完全符合我们对于真正 VR 电影的定义，或许我们能用创作浸没式戏剧的方式来创作 VR 电影！

曾经，每一个来到纽约的游客都会考虑在时代广场的半价亭 TKTS 购买一张戏票，在附近方圆一二千米的 30 多个剧场里选择一台剧目，观看一部百老汇音乐剧。但现在，最热门的一台演出也许是在曼哈顿切尔西画廊区的《Sleep No More（今夜无眠）》。其剧照如图 5-3 所示。

图 5-3《Sleep No More（今夜无眠）》剧照

1　本部分内容根据《涨知识 | 什么是浸没戏剧？》改编，原作者潘妤。

在一个三座废弃仓库改造的空间里，一部体验式的戏剧每晚都在这里上演，观众带上一个白色的鬼魅面具，就可在这个5层楼的空间里随意探索，演员就在你面前零距离地表演，而你可以远离演员和人群，在这个幽灵般的迷宫里游走——硝烟散尽的废墟和古战场、破败的酒店及餐厅、奢华的古堡卧室，还有飘散着腐旧气息的医院。观众也可以随意触摸这里的一切，唯一的要求是不能说话。而最终，你会被引向一个宴会大厅，和其他两三百个观众一起，观看一个如同“最后的晚餐”一般的结局，带着远离现实的迷离恍惚，回到纽约的夜色之中。

英国剧团Punchdrunk从2000年成立开始，就尝试着这种新的演剧形式。观众不再是坐在剧场的座椅之上，而是在一个演剧空间里主动地探索剧情，并且全身心地进入剧场情境。在剧团成立的13年间，一共出品了16部此类作品。其中最成功的无疑是如今红极一时的《Sleep No More》。《Sleep No More》的故事改编自莎士比亚经典作品《麦克白》。这是一个关于权力、欲望以及忌妒交错的悲剧，但该剧的故事情境却从原作中的古时代的苏格兰改为1939年第二次世界大战前夕的纽约的一个新开幕的高级酒店Mckittricik Hotel，但酒店在开幕之后不久却从此大门深锁，成为当地人流传受到诅咒的酒店，从此再也没有人进去过。而这出戏似乎就在叙述当时到底发生了什么。

剧场的入口被改建成酒店的前台，看戏之前，一个复古的酒吧是最初的等候之地。而随着工作人员把你带入这个5层楼的空间，自由的探索就随你开始。在这个充满着悬疑诡异气氛的空间里，共有大大小小近百个房间和场景。剧中20多个演员在楼层中来回穿梭，各自演绎着自己的故事。最初，观众常常会跟随大部分人群，看到剧中角色之间的大段表演。但随后，剧中人匆匆分离，你不得不奔跑着追赶演员。而跟随不同的角色，每个观众就会看到完全不同的剧情。最重要的是，当你独自走开，很有可能迷失在这个如同迷宫般幽深的空间。你可以一个人坐在豪华古堡的华丽大床上发呆，或者在只有水滴声的凄凉病房里心惊，又或者在废弃的酒店里，翻看那些泛黄的书信、触摸老旧的古董。整个演出基本没有对白，所有的表演完全依靠演员的形体和音乐完成。演出从晚上7点左右开始，到9点多结束。整个剧情在各个空间进行，据说加上支线共有106个小故事在这里演绎，而几条重要的情节线都会重复循环两遍。因此，选择不同的路线，会看到完全不同的表演和剧情。你有可能会错失某个重要的段落，

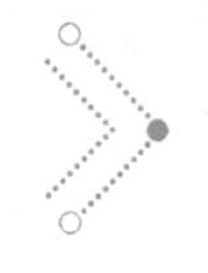

也可能会在一个重要场景前驻足两次。

完整的剧情并不是这部作品的关键。重要的是，你在观看这部剧的同时，选择着、体验着。自《Sleep No More》问世以来，拥有了很多忠实的用户，看过四五遍的大有人在。而据一位连看两遍的观众说，在两次的观剧体验中，她竟然没有经历一个重复的场景和画面。如今，这部经典的剧已经来到上海，国人也能前去观看体验。

在《Sleep No More》这个作品里，传统的观演关系被彻底打破。观众从被动接受到主动选择，从旁观到参与。这种“浸没”感，和传统的剧场演出非常不同。彼得布鲁克在他的《空的空间》中说道：“我可以选取任何一个空间，称它为空荡的舞台，一个人在别人的注视之下走过这个空间，这就足以构成一幕戏剧了。”

在戏剧中，编剧用有限的篇幅讲述的故事和塑造的人物、导演丰富而充满想像力的调度、舞台美术师在舞台上营造的环境和氛围、灯光音效的配合以及演员连续不断地表演营造了一个亦幻亦真的舞台空间。戏剧中的种种手法有时候用来制造真实感，让观众相信这些人物的存在和舞台上的事件正在发生，有时候又被用来制造间离感，让观众得知舞台上的事情是虚假的，自己正在看戏。

在 VR 影视中，观众本身便“存在于”电影之中，时间与空间的突然转换就显得很突兀，很容易跳戏。而戏剧中的这些手段运用得成功，就可以在一个空间里让多个事件按时间轴顺序并行发生，观众可以自主选择观看任意剧情（推荐知乎上一篇名为《浸没式戏剧的前世今生》的文章），这样就在一定程度上解决了观众跳戏的问题。

在戏剧演出中，从观众的角度来说，他们参与了这个戏剧作品的创作和完成。这种“参与”是多维度的。观众的专注、笑声、哭声和分神带来的噪声都会对舞台上演员的表演造成直接的影响。观众可以现场与演员进行互动，甚至可以决定戏剧情节的走向和结局。威锐影业 CEO 董瑷珲表示：VR 电影的一大特点就是在人物交流时要让用户参与进来，形成参与感，与电影中的人物、物品互动，并可能影响剧情的发展走向。

VR 电影中，观众的视线是由自己控制的，而戏剧舞台的整个表演空间都在观众的视野范围内，观众的目光聚焦在哪里也是自由的。导演可以充分利用这种自由，进行多焦点的尝试——每个观众看到的作品都有可能是不一样的。也就是之前提到的有观众在两次的观剧体验中，竟然没有经历一个重复的场景和画面。

无独有偶，类似的浸没式戏剧《Then She Fell（坠落的爱丽丝）》有着互动感和参与感更强的的独特体验。演出根据《爱丽丝梦游仙境》改编，演出场地是一所由废弃医院改造的精神病院。开演前，15个观众被集中在医院的门诊室里，医生发表了一番开场白，哥特而奇幻的氛围由此弥漫开来。在拿上一把钥匙后，观众便两三人一组地被护士们指引向不同的房间。接下来，你便如爱丽丝掉入了兔子洞一般，进入了一个荒诞而神奇的空间。因为只有15个观众，每个观众的路线和体验都被精心设计和安排。各个房间之间如迷宫相连，但你却不能擅自打开任何一扇门。很多时候，一个偌大的空间里常常只剩下你一个人，没有别的观众。茫然无措间，你会突然撞见剧中的爱丽丝，她带你进入她魔幻的梳妆屋，陪她挑选玩偶，回答她关于爱情的问题，帮她梳头。你会被要求喝下各种奇怪的药水。也会独自和演员对视，打开神秘银盒子里的书信。你也会在在疯帽子先生房间里一边看着别的观众挑选帽子，一边替他写书信。在红桃皇后的卧室前，你会被一个匆匆逃离出来的衣冠不整的男士神秘地拍下肩膀，然后有人端上水杯和药片要求你送进去，当你战战兢兢、不知所措地站在红桃皇后面前时，她会上下打量你一番，然后说一句：“你来晚了。”你还会受邀参与一个热闹的宴会，和演员们坐在一个大长桌子上，一起翻舞着餐盘茶具，如同置身晕眩的荒诞世界。

在《Then She Fell》的每一分钟，你都在体验着一种梦境般的现实，演出的大部分段落都没有对话，演员依靠眼神和肢体表演。和《Sleep No More》不同的是，在这个演出里你会感觉到，你是演出的组成部分，而不仅仅只是观众。演出结束，你可能被送进一间布满玫瑰花的房间，在桌上放了一封写着诗的信，当你在这个梦幻的房间读完这首诗，你发现，你走完了所有的梦。

国内也有不少专业人士嗅到了“浸没式戏剧”的巨大潜力，2013年年初在平遥古城全新亮相的大型实景景观剧《又见平遥》就颇能见到这种“浸没戏剧”的启发。2014年，上海文广演艺集团、上海话剧艺术中心宣布，他们将计划打造一部浸没式戏剧《大上海 1933》。2015年，中国第一部浸没式戏剧《死水边的美人鱼》上演。

“浸没式戏剧其实就是个综合游戏，只不过它用了戏剧故事的包装。”在导演何念看来，这种戏剧形式归根结底是一次新的尝试，而这种尝试对他和观

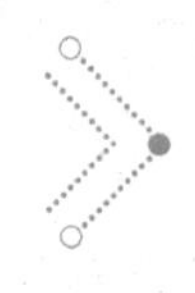

众而言都是新奇而有趣的。虚拟现实电影的内容一直以营造强烈的沉浸感为设计和思考目标，封闭式的体验环境、精良的基础制作、全方位分支剧情设计、需要传达的核心主线（也许有，也许没有）这些浸没式戏剧所持有的强烈特征，都适用于 VR 电影。

浸没式戏剧无法拍成传统的电影，要拍的话只能或应当拍成 VR 电影。值得一提的是，《死水边的美人鱼》在中国上演的时候，场面比较乱，因为有很多观众在场景走动，造成互相干扰，很大程度影响了观影效果。如果拍成 VR 电影的话，只有一个人观赏，就不会出现观众之间互相干扰的事情了，可以安安静静地全身心观影。

5.1.4 一部真正的 VR 电影应该这么拍

VR 影视在摄制方面遭遇了不少难题。而 VR 动画看起来更容易实现。

据悉，有一部专为 VR 眼镜打造的动画《Sequenced》，将于 2016 年第四季度放出，总共三季，每一季有 10 集。它将登陆 HTC Vive、Oculus Rift、三星 Gear VR、谷歌 Cardboard 这些主流 VR 设备。

《Sequenced》带来的就是这么一种全新的体验：观众们通过 VR 设备可以和动画剧情发生互动并进行选择。虽然观众们并不会实际参与到动画中，仍然是旁观者，但是通过对动画场景中不同事物的关注度（简单来说就是用眼睛盯着看）可能会改变角色的对话内容和重要事件的发生。这有点类似于 VR 美剧《Gone》的手法。

很多人都读过一种可选剧情分支的独特小说吧，小说的剧情会通过读者根据提示条件进行不同选择从而翻到不同的页数来进行不同的发展。《Sequenced》在原理上与此相同，不同的是观影者的选择完全是下意识的（看），你只需沉浸在故事中，忘记了剧情的发展其实是自己选择的结果。

《Sequenced》还是平面的动画。可以看到，VR 视频讲究的是可以虚拟现实的 3D 效果，作为 VR 动画，用 3D CG 动画来表现更合适（也许已有 3D CG VR 动画在预备制作中）。实际上，VR 电影是可以做成真人 +CG 动画的形式的。

非 VR 的真人 +CG 动画形式的电影，有《蓝精灵》（2011 年）、《海绵宝宝》（2015 年）、《鼠来宝》系列等。国内也拍过这样的电影，如《老夫子 2001》或 2015 年的《捉妖记》。由此可见，国内在这一方面制作技术的长足进步。当然，进一步制作成像《变形金刚》真人版系列那样的特效电影，就更真实了。

这里是提出一种制作思想来制作 VR 电影，可以只拍摄真人演员以及必要的一些物件，场景和其他的一些元素用 CG 来合成。这样，可以更好地解决前面所说过的摄影设备摆位、光线穿帮、场景拼接和 360° 视角的实现等棘手问题。

或许，可以引入新的绿幕技术。何谓绿幕？蓝幕和绿幕都是拍摄特技镜头的背景幕布，演员在蓝幕、绿幕前表演，由摄影机拍摄下来，画面在计算机中处理，抠掉背景的蓝色或绿色，再换上其他背景。拍摄 VR 电影也可以使用绿幕技术，只不过是从差不多是平面的蓝幕和绿幕变更为立体的 360° 的蓝幕和绿幕。

《Sequenced》虽然在制作技术上有着还可以提升为 3D CG 的空间，但其制作思想对相关创作人是很有启发的。那就是如今 VR 电影创作人逐渐达成共识的戏剧化思维、游戏化思维、多条情节支线多重结局这些表现形式。

戏剧化思维，类似于浸没式戏剧，有着同时进行的多个事件或者值得关注的多个事物这种更为简单的形式。浸没式戏剧，最适宜用来描绘一个时空（如历史时空），在某一段时间某一个空间里发生的一些事件。简单化的，如《Sequenced》（如图 5-4 所示），虽然没有明显地同时进行的事件，但在动画场景中却有着各种不同的事物。观众可以去选择观看不同的事件，或关注不同的事物。

图 5-4 动画《Sequenced》

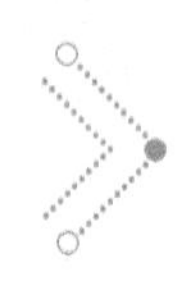

有的浸没式戏剧的架构相当庞大，在一个大的场景中又分成多个小的场景组成部分，在各个小场景中同时上演着不同的事件。在现在的技术条件下，要将 VR 电影拍成这种气势庞大的浸没式戏剧是比较困难的。就算资金充裕，摄影设备摆位、光线穿帮、场景拼接和 360° 视角的实现等棘手问题也不好解决。当然如果是制作成纯 3D CG 影片，只要有巨额资金保证，这些问题是可以得到解决的。

另外，浸没式戏剧还有一个问题，就是这种表现形式，更适合演示一段历史风貌、社会活动，或者某一个地点的风土人情、人物活动。就像清明上河图所展示的那样。跟一般的故事片的表现形式有偏差。故事片的要素有主角和时间线，观众习惯跟随比较少的几位主角，顺着时间线去看故事。按浸没式戏剧的既有套路，要做出故事片的感觉，是需要做一些改变的。看过浸没式戏剧《死水边的美人鱼》表演的观众就会深有感触，面对碎片化的事件难以消化理解，要想跟着一组演员看下去也跑得累死，看完出来能弄明白剧情的人没几个。

可以限定于一个较小的空间，在这么一个场景内进行各种事件。事件的个数，亦需要得到控制。人物，需要有主次之分。具体剧情进行的编排，可以参考学校上课时老师提问同学举手发言然后老师点名让同学回答这样的情景，也就是在某一个时刻，需要有明显值得观众关注的人物和事件。这样，观众才不会茫然无措、不知道该看什么。具体操作，得看编剧的功力了。

浸没式戏剧也相当于一个大型的电子游戏（当然也可以做成比较小型的），游戏里的场景有许多 NPC（Non-Player Character，非玩家控制角色）在活动，观众 / 玩家可以到处走动观看这些 NPC 的活动，甚至如玩沙盒游戏一样进一步跟这些 NPC 进行互动。这正是 VR 电影的游戏化思维。

跟 VR 电影中的角色进行互动，也就改变了剧情的进行，从而实现多条情节支线多重结局。值得注意，目前观众坐在电影院看电影，或者坐在电视机前看电视，都是盯着同一块屏幕，屏幕上是同样的影像。当带上 VR 头显之后，整个世界都不一样了。每位观众都可以通过操控，看到不同视角视野的影像。这还带来了一个关注点：是否还需要遵循老规矩向所有观众提供同样的影视内容？或许能对影视形式进行革新，向不同观众提供不同的故事？也就是事先摄制多条情节线，根据具体观众的主观意愿选择其中一条情节进行，中途还会有多个情节分支点。这在传统影视是不可能实现的，但在 VR 影视上则能实现。

说起来，明显就是像日本《428：被封锁的涩谷》（如图 5-5 所示）这种电子音像小说类游戏的风格。拥有多重人物视角、多条情节支线、多个结局，根据游戏者的选择来进行。未来的 VR 影视肯定不会局限于观众坐着不动、老老实实地观看，肯定会加入互动性，根据具体观众的个性选择，播放的影视内容会产生相应的变化。

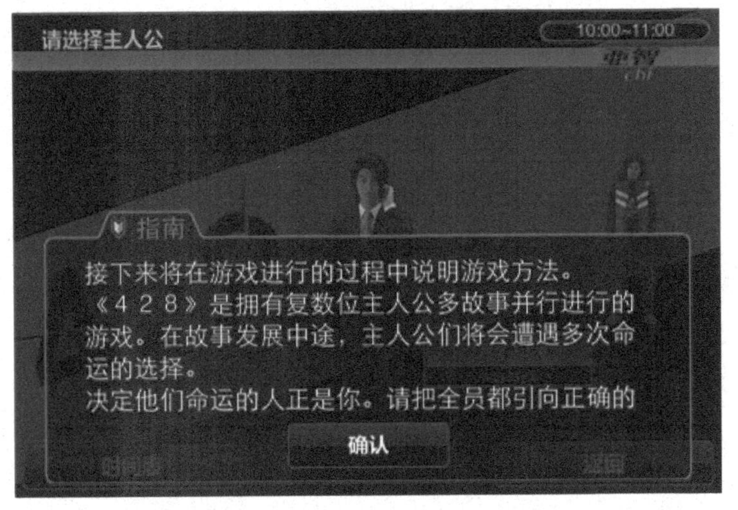

图 5-5 日本《428：被封锁的涩谷》

关于互动，分两个层次，像前面所提的《Sequenced》这种，是比较简单的互动，观众通过对动画场景中不同事物的关注度（简单来说就是用眼睛盯着看）就能改变剧情。怎样改变剧情？其实这也很好理解。例如在一部戏中，有一位男主角、两位女主角，一部分粉丝喜欢女主角甲，一部分粉丝喜欢女主角乙，那么，观众在戏中看女主角甲看得多，下面的剧情可以发展成男主角跟女主角甲在一起，反之亦然，观众看女主角乙看得多，下面的剧情会发展成男主角跟女主角乙在一起。

改变剧情的关键匙也可以是物件。例如在哪个场景中，主角在一个房间里被反派打倒，这个房间有一扇窗户，有一张椅子，观众注意到了窗户，下一个镜头会是主角跳窗逃走；或者，观众注意到了椅子，那么接下来的镜头是主角拿起椅子砸向反派。

更进一步的互动，就是动作互动。在未来，VR 影视跟 VR 游戏结合的效果

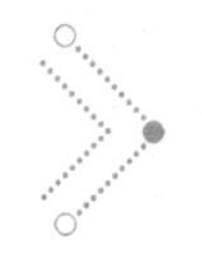

会很好，赋予观众与剧情更多的互动性。例如美剧《犯罪现场调查》，如果拍成 VR 影视，加入游戏的互动方式，允许观众亲自参与犯罪现场的调查，感觉会相当好。像《Sequenced》这种，只要用眼睛盯着看就能改变剧情，在技术上容易实现；而更进一步的动作互动，还得有相关 VR 设备的支持，也就是需要额外的控制器。现在就只有最简易的那种用纸盒做的 VR 眼镜不带控制器了吧，在 VR 影视中实现动作互动还是没什么问题的。

我们可以看到，有许多根据金庸古龙武侠小说作品改编的影视剧，剧情发展都各有不同。看粉丝们的讨论，喜恶也是各人不一。VR 影视游戏化，加入互动，可以让观众根据各自的喜恶对下面的剧情发展进行选择，从而实现多重人物视角、多条情节支线、多个结局，戏中的世界更精彩，让观众更有代入感。

在 VR 影视的发展初期，某些人对 VR 影视的认识，局限于非要一镜到底，这种观点需要改变。困扰影视人的一个问题是，传统影视剧的镜头是经过导演调控的，观众观看时不会错失精彩的内容，而如果拍成 VR 影视剧，观众也许不知道在什么时间点、在什么位置有精彩的内容产生，从而错过导演想让观众看到的镜头。这也是目前很多 VR 影片拍不长的一个原因。这个问题是可以解决的。按上面所述的做法，VR 影视剧采用多重人物视角、多条情节支线、多个结局，也就是整部 VR 影视剧由大量（可以重复播放的）短视频组成，每一个短视频就是一个场景短时间内所发生的事件，重点突出，这就不用担心观众会错过什么东西了。例如前面所提的《Sequenced》，就没有遵循一镜到底的原则。现在已推出或即将推出的 VR 美剧，也在这一方面做出了很好的榜样。跳出框框，找到新的表现形式，思路更开阔，可发挥空间更大，世界也就更美妙。

5.2 VR 影视的实战策略

在 VR 影视商业化的过程中，会有不少问题困扰我们。我们需要回到本源去寻找解决策略。

●注意目的

这个世界上大多数人都还不了解 VR 是什么，更别提对 VR 影视有什么预期了。我们要知道，观众需要的是新奇的影视作品，而非一定要用什么技术去实现的产品。观众真正需要的，不是技术展示，而是能完整表达的影视作品。经过探索试验后，最终的目的是，拍出来的影视作品不是拿来展示技术实力拉投资，而是要给观众欣赏。

●注意方法

玩 VR 影视，初期拍的可能是试验作品，但最终呈现到观众面前的需要是成熟的作品。不成熟的技术，只能用于试验作品；在最终的商业作品中，应用的要是已经发展成熟的技术，这样才能带给观众良好的感觉。那么，需要对运用的技术进行考虑，不能太超前，应避免在商业作品中应用虽然看着很美好但还未发展成熟的技术。

5.2.1 VR 电影怎样拍效果好又省钱

拍一部 VR 电影，需要丰厚的资金支持。现在国际上摄制出来的 VR 电影，还都是短片。

1. 避免大制作

让我们来看看《HELP!》的故事情节：电影背景设定在洛杉矶，男女主角需要一边逃避奇怪的外星生物的追杀，一边解开故事的真相。这样的情节设定，在好莱坞电影中并不出奇。但在 VR 电影中，推出时已经堪称当前世界上投资最大、制作最精良的 VR 影片了。

拍 VR 电影，如果没有丰厚的资金支持，还是避免这样的需要特效大场面的大制作为好。看看国内拍的两部 VR 电影《活到最后》和《灵魂寄生》，《活到最后》是兰亭数字拍的，是中国首部 VR 电影《活到最后》，而最新的《灵魂寄生》则宣称是国内首部互动 VR 电影，山羊皮工作室为其设计了近 40 种不同的剧情组合。这两部电影的共同点，就是电影中的场景固定在一个比较小的比较简单的空间，这可以说是一种尽量压缩制作成本的方法。

把电影中的场景限制在一个小空间里，又要讲好一个精彩的故事，需要有好的编剧思维。

2.VR 特性的取舍

节省制作费用的另一个方法，还可以考虑 VR 特性的取舍。

前面说过，我们的目的是制作出一部好作品，而非一定要以什么技术去摄制。观众看的更多是故事，而不是技术秀。VR 电影的特性有几个层次，首先是可以

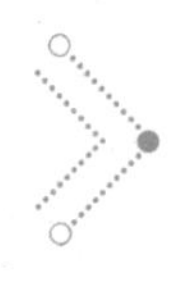

改变视角的全景，其次是可以移动观看的位置的真 VR，最后是进一步的互动。前面提到的动画《Sequenced》，则只运用了互动这一个特性。

我们可以看到，《Sequenced》的制作技术是完全成熟的，在观众面前展示的效果，是没有缺陷的，而且制作费用跟别的 VR 电影相比较少了很多。因此《Sequenced》的制作思路，是可以借鉴的。

3. 真人电影还是动画电影

《Sequenced》不是真人演出的电影，而是动画。类似的 VR 动画还有很多。如曾执导《钢铁侠》系列、《奇幻森林》等多部著名影片的好莱坞著名导演乔恩·费儒（Jon Favreau）创作的 VR 电影《小矮人与地精》（*Gnomes & Goblins*），已经登陆 steam 平台，玩家可以免费下载体验。《小矮人与地精》，是一部真正的 VR 互动电影。在电影中，观众将被置身于森林深处，其一举一动，都会直接影响到与剧中小精灵的关系，同时改变故事情节的发展。

Oculus 故事工作室制作的 VR 动画电影《亨利》（*Henry*）（如图 5-6 所示）获得了艾美奖，被评为优秀互动原创节目，这一事件非常激动人心。《亨利》的主角是一只渴望获得友谊的小刺猬，这个可怜的小家伙由于外表充满攻击性，所以非常孤独，也没有朋友，观众需要参与进来和它一起寻找伙伴举办生日聚会。《亨利》这部动画采用的是实时渲染，效果非常好，只是需要配置功能强大的计算机来支持。

图 5-6 VR 动画电影《亨利》（*Henry*）

做 VR 电影，以目前的技术，也许动画电影比真人电影更成熟。

5.2.2 VR 电影的重要收入来源——互动广告的植入

在目前的阶段，拍摄 VR 电影很难赚到钱。从商业化来看，跟 VR 影视有关系的 VR 直播和 VR 新闻更切合社会需求。还有就是 VR 广告片。

实际上，拍过 VR 电影《活到最后》的兰亭数字，后来就是跟淘宝合作，摄制 VR 广告片，推出的 VR 微电影《我的 VR 男（女）友》，营销效果很好。在 2016 年的 520 当天，《我的 VR 男友》系列 VR 广告片在各大视频网站上的总观看量已经超过 100 万次；520 之后一周内，广告主宝洁飘柔的产品销量达到 2015 年同期整月销量的 3 倍。《我的 VR 男（女）友》也获得了“金坐标奖”之“最佳品牌营销案例”大奖。

可以看到 VR 电影跟广告结合的成效相当不错。那么，如果摄制故事片，也可以将广告植入作为一个重要考虑。

●商品 3D 展示

由于 VR 的特性，物件在 VR 电影的场景中都是以 3D 展示的，能让观众更加了解商品。

●弹窗信息

观众可以点选商品，查看弹出的小窗口从而进一步了解商品的信息、商品的名称和商家名称等。在传统电影中，观众看到一件感兴趣的商品，如果对商标和商品的叫法不熟悉，那么就会对品牌名称和商品的具体名称不清楚，从而难以知道怎样去购买。

●快捷购买

观众一边看电影一边顺便购买自己想要的商品，这是传统电影无法提供的体验。

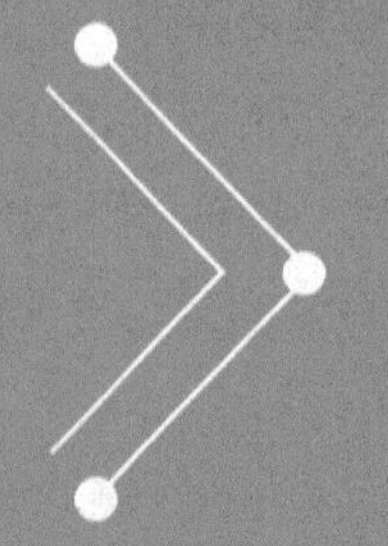

虚拟现实游戏

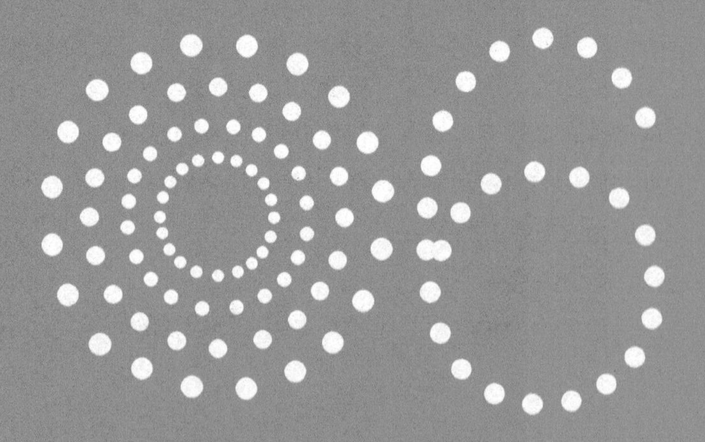

从 2D 游戏到 3D 游戏，从单机游戏到网络游戏，从主机游戏到掌机游戏、手机游戏，新鲜的游戏创意总是层出不穷，每一次都给游戏行业带来了极大的变数，行业为之洗牌。有的游戏巨头没落了，而又有新的游戏公司崛起了。

VR/AR 乃至 MR 游戏的出现，是一次重大机遇。也已有相当多的游戏制作团队转战新的游戏领域，希望能抓住新的机遇出人头地。

在 VR/AR/MR 内容中，相对来说最成熟的也是游戏。

6.1 VR 游戏的制作理念

VR 游戏一直是 VR 内容的热门板块。在 VR 头戴显示器中，索尼的 PlayStation VR 性能并不比 Oculus Rift 和 HTC Vive 强，但是却更受关注。Oculus Rift 和 HTC Vive 是适用于 PC 的 VR 眼镜，PS VR 是适用于游戏主机的 VR 眼镜，按道理来说，游戏主机的受众范围应该比 PC 更窄才对。为什么 PS VR 会卖得比 Oculus Rift 和 HTC Vive 好？就是由于游戏内容更受消费者青睐。

由于在游戏事业多年的积累，索尼更有能力集结更多的游戏公司来开发 VR 游戏。随着 PS VR 的发售，VR 游戏终于以当前最好的形态出现在玩家面前。现在的 VR 游戏能让玩家满意吗？还有什么可以改进的？

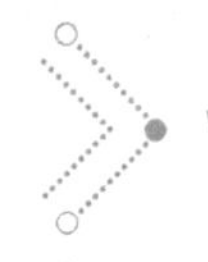

6.1.1 VR 游戏的度：激烈程度和复杂程度

初期的 VR 游戏，从制作难易上出发，益智、冒险解谜类的游戏比较多，后期强调动作的、互动性更强的、联机的游戏会逐渐多起来，甚至大型多人在线角色扮演游戏（MMORPG）也可能会出现。

需要注意，VR 游戏都属于重度游戏。但不等于说休闲玩法的 VR 游戏就是轻游戏，毕竟玩 VR 游戏得带上 VR 头显，不可能像玩手机游戏一样，在乘坐地铁或等人时利用碎片时间玩。VR 游戏也强调沉浸感，这也正是重度游戏的特征。而且用户长时间玩 VR 游戏就会晕眩，更使 VR 游戏成为重度游戏。

例如，热门的手机游戏《愤怒的小鸟》推出了 VR 版，VR 版的视角转移到了小鸟身后，玩家需佩戴 Samsung Gear VR 头盔通过移动头部来控制小鸟顺着光圈飞行到终点。玩法说起来简单，但玩起来并不休闲，感觉相当强烈。需要游戏者带上 VR 头盔全神贯注地操控。

新的游戏平台、游戏技术，会带来游戏玩法的革新。许多经典的老游戏不好直接复刻，要说的话也是重制，凤凰涅槃，以全新的姿态出现，就像上面说的《愤怒的小鸟》VR 版（如图 6-1 所示）。

图 6-1《愤怒的小鸟》VR 版

其实 VR 游戏跟喝酒类似。酒类有一个参数，就是度数。酒的度数低了，喝起来不够感觉；酒的度数高了，喝多了就感觉过头了。VR 游戏作为重度游戏，也有两个“度”。

●激烈程度

VR游戏的本质也是属于“体感”游戏，但是“动感”强烈了，“感觉”不好受。游戏在动作方面的激烈程度需要一个“度”，需要游戏制作者把控好。

例如做第一人称射击游戏，如果真像现在一般的PC游戏这样玩，如《使命召唤》之类的游戏，需要不断地急速移动，在VR游戏中也这样，玩家很快就会晕掉。许多VR游戏，都尽量避免玩家的急速移动，从而改变一下游戏的形式，例如让玩家站到箭塔上当弓箭手，这种射击游戏，玩家的位置比较固定，不需要玩家跑来跑去。

也应尽量避免玩家为了躲避敌人的射击而不断地急速闪躲。敌人射来的子弹、箭，速度可以变慢，让玩家更容易闪躲，反正这只是游戏，不需要过分追求真实。

《生化危机》的VR版就凸显了这一点。好多玩家都想玩《生化危机》的VR版，到真玩的时候，体验是够刺激，但背后老是突然冒出一个丧尸，需要你猛回头察看，你晕不晕？

●复杂程度

一般来说，游戏太简单就可能不好玩，需要复杂一些才好玩。如上所述，VR游戏的动作不能太复杂，连跑带跳，还要四处瞄准射击，这么玩很容易晕掉的。说到复杂，是游戏中需要运用的思维复杂，战略、战术方面的复杂。注意，游戏系统的复杂不等于游戏操作的复杂。

实际上，索尼自己也不建议做太复杂的游戏。索尼游戏部门CEO Andrew House认为VR体验更应该像是玩主题公园里的过山车那样，虽然短暂但很刺激、很享受，不推荐做往往含有很复杂的游戏机制的传统3A级大制作游戏。对于他的话，笔者只认同一半。在未来VR眼镜做得更完美、玩家使用起来不容易头晕时，可以创造一个更深邃的VR游戏世界供玩家探索。

例如《我的世界》（《MineCraft》，一款第一人称3D沙盘游戏，玩家在游戏中可以随意创造自己想要的东西）VR版，就可以做到动作成分要求不高，但是玩家仍然有很大的可玩空间。

6.1.2 是第一人称视角还是上帝视角

VR游戏有3种视角：第一人称主观视角、第三人称上帝视角和混合视角，

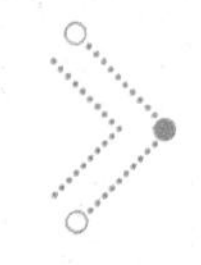

哪一种视角更好？

1. 第一人称主观视角

一般的 VR 游戏采用的都是第一人称主观视角，和我们在现实世界的视觉一致，这样能给玩家带来良好的沉浸感。

2. 第三人称上帝视角

VR 游戏也可以采用第三人称上帝视角，这样玩家能有一种自己是“上帝”，世界尽在自己把控之中的感觉。例如像《星际争霸》系列这样的即时战略游戏，玩家要控制一支军队作战，这样的游戏可以采用第三人称上帝视角。

3. 混合视角

VR 游戏也可以同时采用第一人称主观视角和第三人称上帝视角，由玩家根据情况随时切换，即混合视角。例如像《魔兽争霸Ⅲ》这样的即时战略游戏，玩家扮演英雄控制一支军队作战，玩家可以以第一人称主观视角扮演英雄亲自冲锋，也可以随时切换成第三人称上帝视角来方便排兵布阵，管理基地。

6.1.3 VR 游戏制作的要点一：VR 特性驱动

VR 特性是 VR 游戏的第一推动力。具体来说，对于 VR 游戏，有什么突出的特性呢？

●场景模拟

场景模拟是 VR 最基本的特性。

有一款 VR 游戏《珠穆朗玛峰》，能让玩家成为探险家，体验一把如何登上珠穆朗玛峰。玩家可以体验到从大本营、昆布冰川、希拉里台阶到 4 号营等一个个具有独特纪念意义的模拟场景，触发不同的互动事件，直至最终登顶。玩家可以在完成登顶后解锁上帝模式，以第三人称上帝视角一览喜马拉雅山的盛景。

有一款 VR 游戏《身体 VR》，玩家在游戏中将变成一个超级微小的机器人，穿梭在身体的各个器官中。这款游戏中的介绍都采用了正规的医学术语和名称，非常具有教育意义，玩家在游戏过程中能获得非常丰富的医学知识。

场景模拟也可以是另一种形态，就是给玩家提供一个活动场所和物品，至于玩法，需要让玩家自己去控制。

例如提供给玩家一副扑克，至于扑克具体的玩法，不作限制。扑克也可以改成麻将、棋子等。这一种游戏形态，更偏向社交游戏。用户可以召集几位好友，聚在一起，一边玩一边聊天。

又例如，可以提供给玩家一套乐器（如图 6-2 所示），让玩家自己去玩，想怎么演奏就怎么演奏。这样玩乐器，就不怕吵到邻居、惊动警察叔叔了。

图 6-2 给玩家一套乐器，让他自己去玩

●运动模拟

VR 游戏能很好地模拟各种运动，尤其是各种体育运动。也就有了大量的 VR 体育游戏。

像前面说的《珠穆朗玛峰》，其实也是体育类游戏，登山就是一种运动。

例如育碧的赛车游戏《赛道狂飙：涡轮》（*Trackmania Turbo*），玩的是极限反重力赛车。

体育类游戏历史悠久，早在红白机时代，就有了让人百玩不厌的台球游戏。到了 VR 游戏时代，台球游戏肯定是少不了的。如 HTC Vive 上的《台球 VR》（*Pool Nation VR*）。

任天堂家的游戏非常适合改造成 VR 游戏，如《马里奥高尔夫》系列。《马里奥高尔夫》玩的可不是死板的传统高尔夫球，在游戏的场景中会有很多运动着的障碍妨碍玩家击球。实际上，市面上已经有了一款类似《马里奥高尔夫》的 VR 游戏，名叫《云之岛：VR 迷你高尔夫》（*Cloudlands:VR Minigolf*），游戏的场景中会有各种大炮、风车等，让你的高尔夫球有跟现实世界中的不一样的运动轨迹。

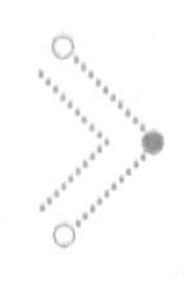

《水果忍者 VR》（*Fruit Ninja VR*）（如图 6-3 所示），是一款著名的移动游戏 VR 版。

图 6-3《水果忍者 VR》（*Fruit Ninja VR*）

●角色扮演

由于 VR 的沉浸感特性，VR 角色扮演游戏的代入感会相当好。

大型多人在线角色扮演游戏（Massively Multiplayer Online Role-Playing Game，MMORPG）终会在 VR 平台上出现。

像前面说的《身体 VR》，其实也是角色扮演类游戏，玩家扮演的是超级微小的机器人。

例如育碧的《星际迷航：舰桥船员》，玩家扮演一位舰桥船员，可以体验在星际飞船上的生活。

玩家扮演的甚至可以不是人类，而是其它生物。例如育碧的《化鹰》，玩家化身一只老鹰，在人类绝迹 50 年后的巴黎上空翱翔，可以同时鸟瞰当地著名的地标。

6.1.4 VR 游戏制作的要点二：游戏机制驱动

VR 游戏制作的要点之二就是游戏机制驱动。

● VR 游戏的深度还得靠游戏机制驱动

VR 游戏不能靠纯粹的动作驱动。例如，在 VR 游戏中做刘翔跨栏这样的游戏？可以是可以，不过玩家之间怎样比赛？看谁跑得快？如果 VR 游戏这么玩，玩家就会头晕……开发像台球、高尔夫这样动作量不大但讲究战术的体育游戏就可以。

VR 游戏的深度还得靠游戏机制驱动。例如前面提过的，做《我的世界》VR 版这样的沙盘游戏，让玩家在游戏中可以随意创造自己想要的东西，虽然对动作成分的要求不高，但是玩家仍然有很大的可玩空间。

●必须有能体现难度的游戏障碍

无论什么游戏，要想好玩，就需要有游戏障碍，要能体现游戏的难度改变。

除非，是教育类游戏这一种特殊情况。例如《身体 VR》，可以不当游戏玩，当学习知识了。

一般情况下，一款游戏要想能让玩家重复挑战，得设计有某种游戏障碍，从而能使游戏出现游戏难度改变。例如许多游戏中出现的会攻击玩家的敌方角色。游戏障碍也可以是时间，例如随着时间的流逝，敌人的攻击性越来越猛。

在 VR 游戏中，要如何体现游戏难度的改变，是一门艺术。鉴于玩 VR 游戏会让玩家容易头晕，不建议以动作是否快速来划分难度。不建议“斗勇”，而建议“斗智”。考的可以是玩家在战略、战术方面的思维。

多人在线战术竞技游戏（Multiplayer Online Battle Arena Games，MOBA）和射击对战网游（First-Person Shooter Game，FPS）是目前热门的游戏类型，如果在 VR 平台上推出，需要考虑降低动作成分，把重点放在“斗智”上。

而笔者对休闲对战网游（如塔防、桌游、方块消除对战等）更看好。例如育碧的 VR 游戏《狼人游戏》（*Werewolves Within*）（如图 6-4 所示），玩法源自对应的原作桌游。改编成 VR 游戏之后，玩家玩起来代入感更强。该游戏对动作性没什么要求，拼的是头脑。

图 6-4《狼人游戏》（*Werewolves Within*）

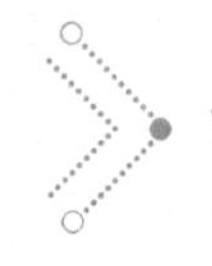

6.2 VR 游戏的实战策略

制作 VR 游戏，大家都想能尽快赚到钱。那么，最快的路径是什么？

无疑，现在在线下开设 VR 体验店赚钱是最直接、最眼见为实的。那么，又如何围绕 VR 体验店去打造成型的商业模式？

还有，制作什么类型的 VR 游戏，是最容易上手、最容易商业化？

6.2.1 适合 VR 体验店的游戏形态

VR 体验店是目前 VR 游戏创收的一大来源。目前 VR 设备的价格并不平民，消费者想体验 VR 游戏，会选择到 VR 体验店。许多顾客都很乐意尝试这种新的娱乐方式。

但问题在于，目前的 VR 游戏体验还不够，人们尝鲜之后，回头客很少。尽管如此，由于很多地点的人口基数大，就算所有人经过都只是玩那么一次，也是能赚钱的。

VR 体验店的收费方式有以下两种。

●按时长收费

按游戏时长收费，适合所有的 VR 游戏。不过有个问题，有的游戏得慢慢玩才能玩出味道，花那么多钱到外面玩，是否值得？

●按次数收费

按游戏次数收费，一旦玩家代入控制的虚拟世界的角色死亡，就得重新掏钱玩。这种方式，类似于传统街机厅投币玩游戏。实际上，日本那边也在尝试这种新型 VR 街机厅的模式。按这种方式收费，最好是专门按这种游戏模式定制的 VR 游戏，如闯关游戏、对战游戏。也许，到 VR 游戏逐渐成熟、逐渐普及的时候，投币收费的模式更适合 VR 体验店。

6.2.2 冒险解谜游戏与真人密室逃脱游戏进军 VR

●冒险解谜游戏

冒险解谜游戏是比较成熟的一种形式。在移动游戏上，是一大类型。

冒险解谜游戏的制作比较简单，也没有特别要求的动作因素，可以很方便地迁移到 VR 平台上，无论是做原创的游戏还是移植。

实际上，在 VR 游戏发展的初期，就涌现了大量的冒险解谜游戏。相较其他游戏类型，冒险解谜类 VR 游戏也做得更成熟，就算不能让玩家太满意，至少不会太失望。

好的冒险解谜游戏，也能很流行，如《机械迷城》的口碑在国人中就很好。不过一般情况下，按国内游戏公司的理解，冒险解谜游戏的格局不大，制作费用不高，收益也相应不会太高。不是砸钱进去能有高回报的类型，所以国内游戏公司对冒险解谜游戏的制作并不太上心。按一般国内玩家的理解，冒险解谜游戏也算不上“大作”。其实，《逆转裁判》系列、《雷顿教授》系列这样的 AVG 游戏，也是大作级别，在国内也有众多粉丝，有着坚实的群众基础。愿意花钱做冒险解谜游戏的都是国外的公司，图 6-5 所示的《鲁滨逊：旅程》都卖到了 60 美元，其制作费用可想而知。

图 6-5《鲁滨逊：旅程》（*Robinson: The Journey*）

● 真人密室逃脱游戏

“真人密室逃脱游戏”是移动游戏其中一个类型——密室逃脱游戏的体验店。密室逃脱游戏也就是冒险解谜游戏中的一种典型。玩家在游戏中被困在一个密室，想尽办法解开一道道谜题从而逃出去。电视台上也有真人密室逃脱游戏的综艺节目。例如《星星的密室》是浙江卫视联合长江传媒制作出品的明星密室逃脱游戏真人秀节目，借鉴自日本、美国同主题综艺，经本土

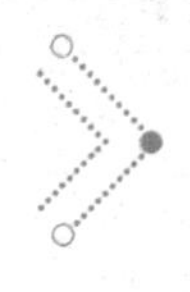

化创意改造。

将真人密室逃脱游戏改编成 VR 游戏是不错的，玩家能有更好的沉浸感。原来的成功经验可以复制过来，延续成功。

真人密室逃脱游戏本来就是体验店，改编成 VR 游戏后，除了放到本来的真人密室逃脱游戏店给原来的密室迷玩，也很适合放到 VR 体验店。

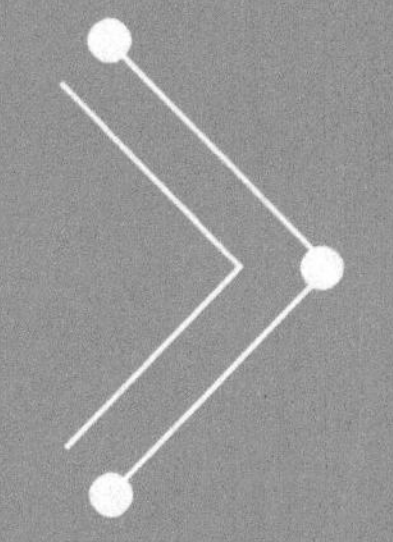

增强现实游戏

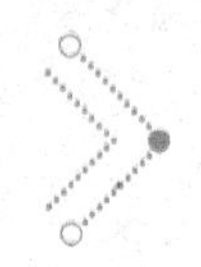

增强现实游戏（AR 游戏）是基于现实世界中的一种东西加以增强的游戏。来自现实世界的那种东西，可以是某一种物件，或者是一个场景，甚至可以是地图定位信息。AR 游戏有着丰富多彩的类型。

从 AR 卡片，到 AR 少儿教育游戏，到 AR 鬼屋，到大热的《精灵宝可梦 GO》，都在以不同的方式诠释 AR 游戏的概念。

7.1 基于 AR 卡片的 AR 游戏

在《精灵宝可梦 Go》火了之后，大家都知道 AR 游戏了。但都说 AR 游戏，你又知不知道 AR 游戏的起源是什么？相信很多人对除《精灵宝可梦 Go》之外的 AR 游戏世界，都还是一无所知。

其实，AR 游戏除了《精灵宝可梦 Go》这样的 LBS 游戏，还有很多玩法。

7.1.1 AR 游戏的起点——任天堂 AR 卡片

要追溯 AR 游戏的起源，那就是任天堂掌机 NDS 上的 AR 卡片游戏（如图 7-1 所示）。玩家买来的掌机 NDS，就附带有 AR 卡片。AR 卡片其实就是画片，跟很多年前流行过的“洋画”没什么两样，就是一张画片，不过通过掌机 NDS 被赋予了新的意义。

图 7-1 任天堂掌机 NDS 上的 AR 卡片游戏

掌机 NDS 通过摄像头扫描放在桌面上的 AR 卡片，从而在屏幕上幻化出不一样的画面。实质是获取 AR 卡片的信息，进行交互。玩家可以看到掌机屏幕中的卡片上的人物变成立体形象活动起来了，进而开启相应的游戏。这是一种很简单的交互（如图 7-2 所示）。

图 7-2 任天堂掌机 NDS

游戏需要的仅仅是 AR 卡片上的信息。利用 AR 卡片启动相应的游戏后，AR 卡片便失去了作用，后面的游戏过程基本上无需再使用到 AR 卡片。这也使得玩

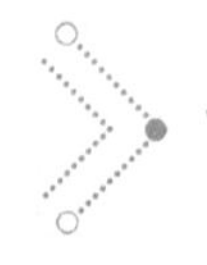

AR 游戏好像没多大意义。为什么一定要以 AR 卡片来开启一个游戏？

有人尝试过把 AR 卡片游戏加以改进，变成对战游戏。问题还是一样：为什么一定要以 AR 卡片来开启一个游戏？直接玩无需 AR 卡片的对战不好吗？

如果 AR 卡片能像磁卡一样有着独特性，那还可以。如果能做到每一张 AR 卡片都是独一无二的，AR 卡片的价值就显露了。问题是，AR 卡片没什么特别的，任何人都可以随便复印、打印，复制出来的 AR 卡片，功能跟任天堂的 AR 卡片没任何不同。

鉴于上面的情况、分析，任天堂掌机 NDS 上的 AR 卡片游戏并没能火起来。

7.1.2 国产 AR 教育游戏

基于 AR 卡片的 AR 游戏实在太简单了。于是，手机上出现了许多类似任天堂掌机 NDS 上的 AR 卡片游戏的国产 AR 游戏。这些国产 AR 游戏的定位就是 AR 少儿教育游戏。

例如，一张恐龙画片，通过手机扫描，在手机屏幕上就变成了一头 3D 立体的恐龙，活动起来了……成人觉得没多大意思，小孩子却觉得有趣。国产 AR 少儿教育游戏就是基于这样的玩法创建起来的。可以用 AR 游戏搭配一套少儿图书，例如《恐龙世界》之类，通过用手机扫描图书所带的图画，能在手机屏幕上有着更形象的表达。

这种 AR 游戏，其实已经或更应该归于 AR 教育的范畴。

有的公司尝试将这种 AR 游戏进行市场拓展，例如做成纪念相册，如结婚纪念册、毕业纪念册。用手机的摄像头扫描相片，手机屏幕上便能幻化出活动的画面。但用户却难以接受。设想一下，某一位用户用某一个手机 APP 做出了这样的 AR 相片，想分享给自己的朋友们，但所有的朋友都要下载这一个手机 APP 才能扫描相片，看到幻化的画面，太麻烦，所以难以推广。

这种 AR 游戏玩法，作为 AR 少儿教育游戏倒是没有问题。家长只要一个人在自己的手机上下载相应的 APP，就能扫描 AR 卡片把手机屏幕上的画面展示给自己的孩子看了。

7.1.3 衍生的另类玩法

其实 AR 卡片游戏的玩法，还可以衍生出其他另类的玩法。这需要游戏制作者大开脑洞。

AR 卡片游戏的玩法，其实就是获取 AR 卡片游戏所代表的信息，以及所在的物理位置的信息，从而进行交互，例如通过手机屏幕，在原来 AR 卡片的位置上由计算机运算产生一个虚拟形象。——如何进行变化演绎，从而创造出新的 AR 游戏玩法？

例如“手机纹身”，在 2014 年就有了，就是来自一个乌克兰的手机 APP——《InkHunter》。你在自己手臂上画上一个符号，其实这跟在桌面上放置一张 AR 卡片道理是一样的，都是在某地方放置某东西。然后用手机扫描，通过运算合成出一张纹身图片来。你的手臂上本来没有纹身，只不过画了一个符号用来识别物理位置，通过手机 APP，，竟然成了一张手臂上有纹身的图片，如图 7-3 所示。

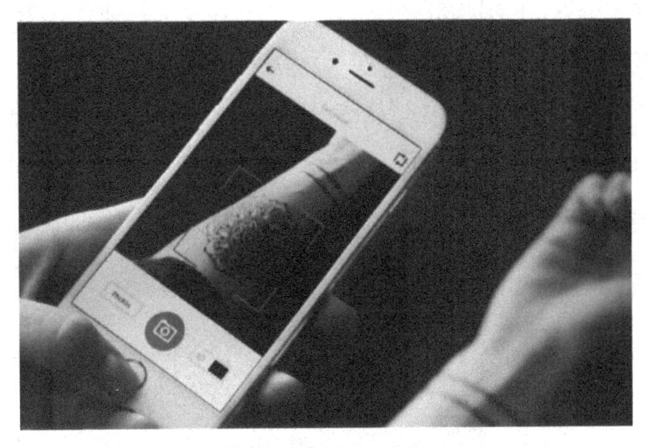

图 7-3《InkHunter》

有了“手机纹身”应用，我们就可以随时随地玩转“纹身”了，想要什么纹身就拍什么纹身，纹身不再是一辈子的事，可以天天变着花样玩。

像“手机纹身”这样的另类 AR 游戏玩法，你还能想到什么呢？

7.2 基于场景的 AR 游戏

增强现实游戏（AR 游戏）需要基于现实中的一种参照物加以增强，而上面

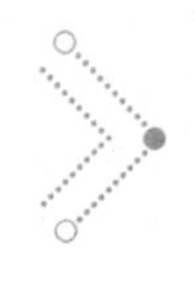

所提的 AR 游戏都是基于某一种物件加以增强的，另外还可以进一步有基于场景加以增强的 AR 游戏。

7.2.1 基于物理环境的 AR 游戏

基于场景的 AR 游戏，最正规的就是基于物理环境加以增强的 AR 游戏。

例如《惊悚夜：开始》（Night Terrors: The Beginning），是一款可以与现实场景互动的 AR 恐怖游戏（如图 7-4 所示）。这一款游戏其实是受经典 AR 游戏《精灵宝可梦 GO》启发而开发出来的。游戏公司通过 AR 技术将玩家的家变成了鬼屋，游戏充分调用了手机的摄像头、GPS 等组件，会通过扫描各人家中独特的环境布局来生成游戏场景，随机生成各种鬼魂、恶魔、丧尸等恐怖元素。一些玩家以往常用的物品都可能潜伏着未知的恐怖，例如玩家打开洗衣机，里面可能突然冒出一张恐怖的脸。在玩游戏时，玩家最好把家中所有的灯都关掉，在黑暗的环境下进行游戏，使用手机摄像头来观察周围。还有，恐怖游戏的音效对氛围的营造是很重要的，如果玩家戴上耳机感受更佳。如果玩家有智能手环、智能手表，游戏还可以通过它来分析玩家的心跳，从而生成心跳声、呼吸声，令玩家的体验更进一层。

图 7-4《惊悚夜：开始》

7.2.2 如《精灵宝可梦 Go》基于移动定位服务的 LBS 游戏

LBS（Location Based Services，移动定位服务）游戏是一种典型的 AR 游戏，代表作是疯魔全球的《精灵宝可梦 Go（Pokemon Go）》（如图 7-5 所示）。这款 AR 游戏利用了地图定位，来进行增强现实。

也许有人会觉得 LBS 游戏只是调用了地理定位信息，不算 AR 游戏。但我们可以看到，如《精灵宝可梦 Go》这样的 LBS 游戏，在手机屏幕上，游戏角色——小精灵跟现实场景合在了一起，给人的感觉仿佛小精灵就位于现实场景中，这也是《精灵宝可梦 Go》会被称为 AR 游戏的原因。

AR 游戏《精灵宝可梦 Go》跟别的 VR/AR 甚至 MR 游戏比起来，明显是异类，别的游戏大都遭遇“冷遇”，这一款游戏却火得不得了，成为了现象级的爆款。《精灵宝可梦 GO》为什么能这么成功呢?

图 7-5《精灵宝可梦 Go》

①游戏方式跟游戏世界设定结合得好

《精灵宝可梦 GO》是任天堂著名游戏系列《精灵宝可梦》的衍生游戏，能让玩家在现实世界捕捉小精灵，实现了许多玩家儿时的梦想。有人说《精灵宝可梦 GO》的成功是基于原作任天堂的《精灵宝可梦》系列的影响，这确实是一方面。但著名的游戏系列那么多，为什么偏偏由《精灵宝可梦》改编成的 AR 游戏《精灵宝可梦 GO》成功了呢？这是因为《精灵宝可梦 GO》的游戏方式跟原作《精灵宝可梦》的游戏世界设定结合得好。

②技术实现相当完美

现在开发出来的相当多的 VR/AR/MR 游戏还显得简陋，而《精灵宝可梦

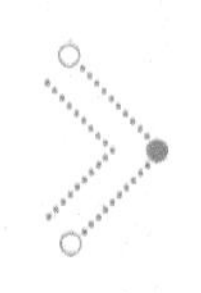

GO》这款游戏的开发完成度非常高。这跟游戏开发公司 Niantic 长时间的技术积累有关。Niantic 是谷歌旗下孵化出来的创业公司，在 2012 年发行了第一款基于谷歌地图、增强现实技术（AR）的应用程序“Field Trip”。随后，又以此为基础开发出了 AR 游戏《Ingress》，是一款基于在现实世界活动占领对应虚拟世界地盘的 LBS 游戏，就连 Pokemon Company 的总裁石原恒和以及他的妻子都成为了这款游戏的资深粉丝。2014 年的愚人节，在谷歌地图上寻找并捕捉 150 只精灵，是 Niantic 和任天堂合作的开始，原本这只是谷歌开展的一个活动，没想到用户的反响很强烈，也引起任天堂对这类手机 AR 游戏的关注。于是，后来在石原恒和的促成下，有了《精灵宝可梦 GO》。《精灵宝可梦 GO》的技术实现，需要谷歌地图的支持和 Niantic 的技术积累，两者缺一不可。

综合以上两大因素，在中国能有实力开发类似《精灵宝可梦 GO》这样的游戏的公司，寥寥无几。

①游戏 IP 方面，倒不是太大的问题。像《西游记》这样的传统故事也能改造，唐僧师徒完成西天取经之旅后，还可以在世界各地旅行、降妖伏魔。还有《轩辕剑》游戏系列本来也有炼妖壶的系统，也是能够拿来开发成像《精灵宝可梦 GO》这样的游戏的。

②根本问题在于，《精灵宝可梦 GO》需要精确的地图定位。在中国有核心地图技术的，也就是百度、高德和腾讯。腾讯自身一直在做游戏开发，而百度和高德，则需要寻找游戏公司作为合作伙伴才有可能开发出像《精灵宝可梦 GO》这样的游戏。

《精灵宝可梦 GO》这种游戏模式火爆的背后，也隐藏着许多问题。主要的还是游戏的平衡问题。游戏的平衡是维系玩家之间关系的重点，有很多精心制作的游戏之所以会失败，就是游戏平衡没做好。要点有以下两个。

①技术作弊。技术作弊能轻易毁掉一款游戏。一款收费网游，只要火爆起来，基本上肯定有不法分子想打主意，盗取账号、技术作弊，从而靠卖账号大赚一笔。在对付盗取账号这一方面，《精灵宝可梦 GO》跟其它网游没什么不同；而在对付技术作弊这一方面，《精灵宝可梦 GO》有着特殊的问题。《精灵宝可梦 GO》是一款 LBS（移动定位服务）游戏，基于地图定位，如果用户通过技术作弊修改自己的位置信息，就能在游戏中获得相当大的便利。百度、高德和腾讯有没有信心解决这个大问题呢?

②特定群体天生的优势。要想在《精灵宝可梦 GO》里玩得好，就得能快速地到处跑，一要快速，二要能到处跑。论速度，用户的跑车很有优势，但也不见得肯定能行，因为遇上坑坑洼洼的路或穿越小巷、树林时就不行。论能到处跑，天天坐在办公室的白领可比不过送快递和送外卖的人。不过要想大范围移动，例如从一个城市到另一个城市，坐飞机的用户就不一样了。还有，游戏流行起来时，肯定有职业打金的团队出现。这种影响游戏平衡的情况不可能完全避免，但需要游戏公司将游戏平衡控制在一个让普通玩家接受的范围内。

《精灵宝可梦 GO》的热度要想持续，或者说到中国来延续它的成功，也许需要在两大重点上作改进。

①社交功能。《精灵宝可梦 GO》的成功其实也是基于社交。如果朋友圈不断有朋友秀出自己拍到精灵的照片，你会对这款游戏心动吗？《精灵宝可梦 GO》的流行，也给了深宅在家中的人出去交际的理由，很多人因为一起玩《精灵宝可梦 GO》而结识。《精灵宝可梦 GO》目前在社交功能上还做得不够，还未完善，其之所以成为一款社交游戏是因为它的玩法促进了玩家之间的交流。

②游戏深度。《精灵宝可梦 GO》相较原作《精灵宝可梦》，游戏深度要低得多，很多系统都舍去了。这其实也是制作公司的理念。考虑到这只是一款手游，便去除了很多复杂的元素。简明的游戏系统，能够迅速让玩家上手。当然，要想玩家不容易玩腻，还得适当加强玩法，增加一些有深度的元素。这也是很多新游戏的做法，先重点关注核心玩法，成功后逐渐增加元素与深度。

跟《精灵宝可梦 GO》系统目前的缺陷相比，其实我们更应该关注《精灵宝可梦 GO》未来的发展前景。值得关注的，是以下两大方面。

①从现实世界到虚拟世界。从现实世界到虚拟世界，也就是很多人所说的"平行实境"理念。按《精灵宝可梦 GO》的玩法，现实世界的许多地标，映射到虚拟世界，就成了玩家购买游戏中道具的商店、玩家之间对战的道馆。这也是 LBS（移动定位服务）游戏的魅力。如上所述，只要在技术实现上做得到位，就会成为一种非常成功的游戏类型。

从科幻、哲学上来审视，也是满足了人类的追求，因为现实世界有局限，所以我们就在现实世界之外创造一个虚拟世界，供我们探索、活动。也许有一天，房价高企，我们都买不起房了，至少，我们能在游戏世界里拥有广袤

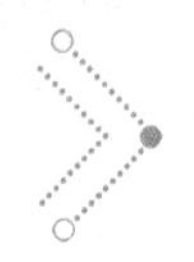

的空间，可以拥有《我的世界》（一款玩家可以随意创造自己想要的东西的游戏）。

②从虚拟世界到现实世界。虚拟世界反过来也能作用于现实世界。《精灵宝可梦 GO》就是很典型的例子。由于现实世界的许多地标映射到虚拟世界就成了玩家购买游戏中道具的商店、玩家之间对战的道馆，那些现实世界的地点就会变得人气旺盛。虽然有些地点的业主抱怨受到《精灵宝可梦 GO》的玩家的打扰，但如果那些地点是商业地点，商家将求之不得。很多商家都希望能成为《精灵宝可梦 GO》游戏中的道具商店、道馆，因为游戏玩家会给他们带来人气，带来商业收益，他们愿意向游戏公司付费成为赞助商，从而使自己的经营场所成为“赞助地点”。还有这样的情况，有被选中成为游戏中的地点的商家宣布，游戏功能只对已在自己商店消费的玩家开放，这是一种捆绑收费，也是一种盈利方式。未能被选中成为游戏中的地点的商家，也是另有高招，例如他们可以购买游戏中一种名叫“吸引模块”（Lure Module）的装备，它可以在半个小时内大量吸引精灵在附近出现，使用该装备后，玩家们便接踵而至，能给商家带来销售额的上涨。显而易见，玩家大老远跑去一个地方捕捉精灵，最起码也会口渴的顺便买点饮料吧！

这也给游戏的制作和运营带来了对新的盈利方式的思考。游戏公司可以跟线下的实体店合作，谈分成，一起赚钱。另外，利用现有的网点、连锁店之类（如麦当劳、肯德基等），也能更好地推广 LBS 游戏。同时跟各地的旅游点之类合作应该也挺好的。

7.3 微软 Hololens 上的 MR 游戏

微软 Hololens 是一款 MR 游戏，在 Hololens 上运行的游戏自然就是 MR 游戏。首批游戏展示的效果很惊艳，如在自己的客厅跟外星人大战。场景画面确实是想象一下都够吸引人的，都实际玩起来，并不好玩！症结在哪呢？

MR 游戏作为 AR 游戏的进化，两者同样需要注意以下两大问题。

①基于现实加以增强。AR /MR 游戏都需要基于现实世界中的一种东西加以增强。如 LBS 游戏，就是基于地图定位加以增强。目前很多 AR 游戏不够好玩，

就是因为没能找到合适的能用来增强的参照物。例如很多基于AR卡片的AR游戏，玩家通过扫描自己手中的AR卡片来进行游戏，玩家之间的互动比较难体现，至少在目前还未找到很好的解决方法，于是不够有趣。

②难度控制，游戏平衡。在自己家中根据环境随机生成不断涌现的异形？是的，Hololens现在就能做到。但是为什么感觉不好玩呢？因为游戏需要能设置出难度，以供玩家挑战。随着游戏时间不断变长，异形出现的频率越来越频繁？问题来了，玩家之间的成绩怎样比较，怎样做排行榜，怎样打造天梯呢？各人家中的环境都不同。

目前微软Hololens上的游戏跟《精灵宝可梦GO》一比，都弱爆了。为什么会出现这样的情况？

要知道，网络游戏需要所有玩家都有着共同的参照物、场景，基于地图定位的LBS游戏很好地解决了这一点。由此可见，如果在微软Hololens上也做《精灵宝可梦GO》是很有前途的。

Capitola VR团队就做了一段假象在Hololens上玩《精灵宝可梦GO》的演示视频（如图7-6所示），效果很好。前面也介绍过，MR游戏跟AR游戏的区别，小精灵们能在映射的环境中随机生成，也就是计算机运算产生的虚拟角色能跟现实场景更好的融合到一起。

图7-6 假象在Hololens上玩《精灵宝可梦GO》的演示视频截图

事实上微软的CEO萨提亚·纳德拉对《精灵宝可梦 Go》也充满了兴趣，他认为《精灵宝可梦 Go》的玩法就是为HoloLens而生的，HoloLens版的《精

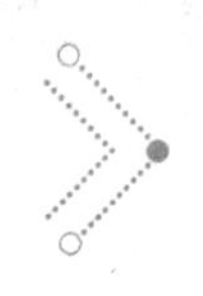

灵宝可梦 Go》一定会更加有趣。HoloLens 版无需再用到手机，而是改成戴上 MR 眼镜 HoloLens，通过 HoloLens 直接看到更好地融合在现实场景中的小精灵。

制作《精灵宝可梦 GO》的公司 Niantic 的 CEO 也表示，考虑把《精灵宝可梦 GO》带到 HoloLens 平台。这对玩家来说是一大喜讯。

好了，现在我们来总结一下，制作一款成功的 AR/MR 游戏的关键，明显，能联网跟伙伴们一起玩耍的游戏比单机游戏更火爆，那么，我们需要有共同的参照物。

其实，不一定要求所有玩家都有一模一样的参照物，考虑到“面联”，也就是少数几位玩家聚在一起联机玩聚会游戏的情况，我们也可以考虑，只需要少数几位玩家有着共同的参照物便可以了。例如，几位玩家聚在同一个房间，基于这个房间产生不断涌现的异形，玩家之间互相竞争，看看谁捕捉异形的速度够快，谁能先取得预先指定的分数，游戏环境一样，游戏平衡就没问题了。

于是，让我们不禁对著名的聚会游戏系列《马里奥聚会》浮想翩翩。也许，任天堂能将《马里奥聚会》跟 AR/MR 结合，开发出《马里奥聚会 AR/MR》。

请相信，AR/MR 游戏会越做越好。

第八章

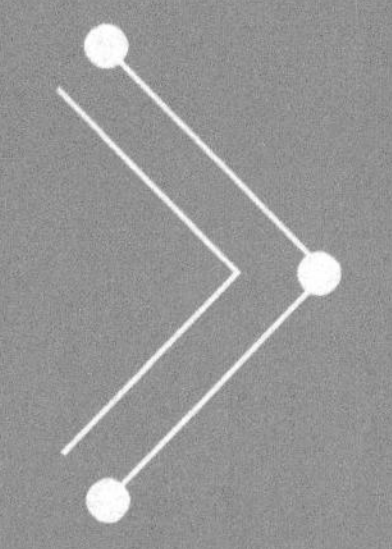

虚拟现实和增强现实的应用

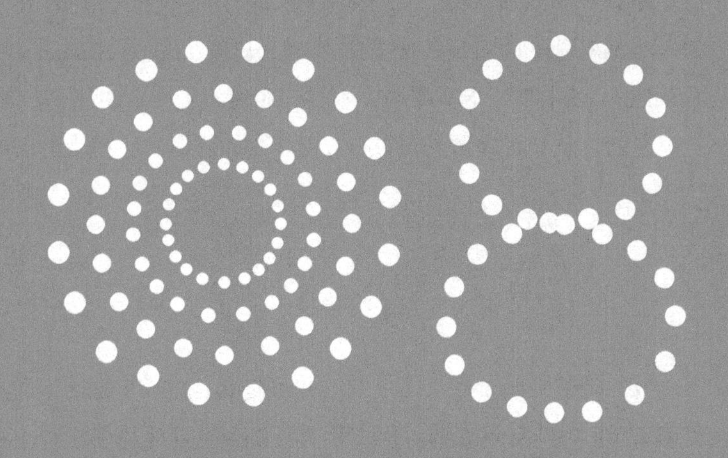

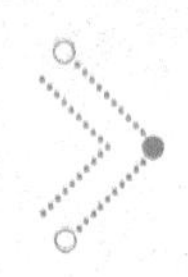

VR（虚拟现实）适合应用于影视和游戏方面，而在各行业的应用中，还是AR（增强现实）更贴合需求，更有前景。这里说的 AR，也是泛指包括进一步发展起来的 MR（混合现实）。

不过，VR 的发展时间比 AR 和 MR 要早，相关产品（基于 VR 眼镜）也比 AR、MR 的相关产品（基于 AR 眼镜、MR 眼镜）要丰富。要知道，VR 眼镜已遍地开花、众所周知，而 AR 眼镜目前知名度高的基本上只有谷歌的 Google Glass，MR 眼镜目前知名度高的基本上只有微软的 Hololens 而已（虽然其实还有其他的 AR 眼镜、MR 眼镜，不过知名度太低），也不够成熟。

目前，从业者大都是在进行 VR 开发，还有，手机上的 AR 开发。

8.1 迅速上路的 VR（AR）直播

首先需要强调一点，这里说的并不是真正的 VR 直播，而是目前市面上大部分借着 VR 名的全景直播。但由于真正的 VR 直播几乎没有（有几家的产品勉强算是，下文会单独说明），下文所探讨的“VR 直播”实为全景直播，请读者注意。

直播现在很火，在线直播平台近年来吸引了越来越多人的关注。据统计，目前已经上线的直播 APP 已经有一百多个，如斗鱼、熊猫 TV、花椒、6 间房等就连腾讯、阿里、小米等巨头们也都纷纷加入这个“百团大战”。直播在一定程度上满足了人们的窥私欲——进入到主播的个人世界中，具有强烈的互动性和趣味性。然而就互动、趣味、沉浸感来说，火热的 VR 技术不失为一项利器，将 VR 与直播结合，将会是一种什么样的体验？

8.1.1 VR 直播的明显优势

1.VR 直播已然出现

2016 年 4 月 14 日，NBA 巨星科比拿下 60 分完成了他职业生涯的最后一场比赛，我们与亿万球迷和电视媒体共同见证这一历史时刻。而 NextVR，这家目前算是全球最炙手可热的 VR 直播平台的公司，对那场比赛进行了全程 VR 直播。用户可以拥有最真实的临场感，在家中就可以听到现场海啸般的欢呼呐喊声，而不是几个解说员的絮叨。

NextVR（如图 8-1 所示）的直播有别于泛滥的 360° 全景视频，勉强算是真正的 VR 直播，它实现了实时带深度信息（俗称立体视频）的 VR 直播。从拍摄到直播虚拟现实内容，NextVR 提供了深度沉浸式体验。VR 直播平台 VREAL 则将娱乐和社交结合在一起，观众可以观看沉浸式游戏视频，就像站在玩家身旁去观看一样。

图 8-1 NextVR

国内的花椒直播甚至推出了送 VR 设备的营销手段推广自己的 VR 直播。

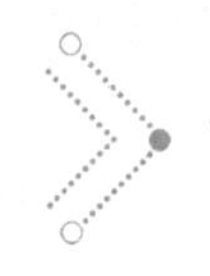

2016年6月3日，柳岩入驻花椒，借助VR技术，与花椒员工大玩寻“男神”游戏，引来网友强烈关注。直播开始仅30分钟，粉丝关注已经超过400万人，两小时的直播共600万人同时在线互动，各种礼物刷屏不断。还有2016年GMIC有一个新亮点，就是大会改变了以往视频直播的传统模式，采用关注度极高的VR技术进行会议全景直播。

综艺节目如《我是歌手4》，引入VR直播，不仅拍摄歌手的演唱，还为歌手们设计在房间中活动，例如黄致列大年初五喂大家吃饺子，拉近与观众的距离。武汉的草莓音乐节也试水了VR直播……一大波VR直播正如潮水般直奔我们而来。

2.VR 直播的优势在哪

目前，大部分移动直播多以直播事件或主播直播自己要做的事情、生活状态为主要形式，所以也就出现了一大堆直播吃饭、睡觉等令人诧异的直播视频。尽管与传统的网络直播相比，用户有了更多的选择性和互动渠道（如弹幕、送花），但是依然未能解决用户与主播“隔着一层屏幕”这个问题，观众与直播现场的距离依然存在。而VR技术的引进可将直播变得立体。

与现在网络直播和移动直播平面化的特点相比，VR直播将让扁平的图像变得饱满和丰富。得益于VR技术，用户有机会沉浸到直播现场的环境中，让用户更有触碰欲望。身处逼真的情景中，用户的兴趣和互动欲望也将提升，最终实现直播质量的升级。

8.1.2 VR 直播遭遇的难题

1. 设备复杂、价格高、不普及

从技术上来说，一个完整的VR直播需要采集设备、上传网络、直播后台、分发网络和播放设备组成。说起来容易，做起来很困难。

VR采集设备目前的主流方案有三种：第一种的成本最低，使用双鱼眼镜头背靠背组成VR摄像机，售价从几百元到几千元不等，从技术难度上来说，这种VR相机的制造难度最低，但由于只有双镜头，有效像素偏低，边缘畸变很大，视角变形也大，适合用于对画质要求不高的直播场合；第二种是俗称“狗笼”使用多个GoPro组成的VR拍摄设备，一般至少使用6个。自从360 Heros公司开发了3D打印的架子，国内的团队就开始了自主创新。而这一切，在 GoPro 发布了自家的 Odyssey 和 Omini 之后，国内狗笼团队基本可以考虑转型问题了；第三种是多目一体方案，从 4 目到 16 目都有，以 Nokia 做的“电吹风”OZO 为代表，技术难度最大，售价也相对最高，从几千元到几十万元不等。相对来说，国内团队能在这一块有所建树的不多，毕竟多镜头的拼接算法不那么容易实现，尤其是多镜头的同步算法，微小的不同步都会导致严重的视频跳跃，让用户头晕。当然还有更好的多摄像机拼接方案，例如之前提到的用 VR 直播 NBA 的 NextVR 团队自主研发的红龙摄像机方案，用 4~6 台 Red Epic Dragon6K 摄像机拼接。国内也有团队用 BlackMagicDesign+Samyang 镜头组成的相对低成本方案，相比起来，这种多摄像机方案同步处理难度更高，对采集端的处理能力要求更高。

相比设备硬件，设备里面搭载的软件和算法才是最重要的，相当于设备的大脑。与 VR 录播不同，VR 直播没有后期，所以所有的缝合（不准导致边缘无法对齐）、白平衡（不准导致不同视角看上去颜色失真）、曝光（不平衡导致阴阳脸或前景全白背面全黑）、美化（美颜）以及接缝的处理（处理不好导致变形和鬼影）都必须即时完成，无法去后期再做调整，对设备的要求也就比录播高很多，这些的核心在于算法。国内有能力做出自己的 VR 视频算法的团队屈指可数，一个完全自主的 VR 视频算法的投入基本上是千万元级别，所以绝大部分团队用的都是开源算法或者是根据摄像头厂商提供的算法进行了二次定制开发，只有极少数技术团队能做到自主开发算法。

关于目前的 VR，有一个共识，那就是产业还处于初级阶段，普及率不高，仍是“好奇者的玩具”。传统的网络直播，主播只要一台配置还算可以的计算机、一个摄像头、一个好点的麦克风（甚至有时都不需要）、一个好点的背景（甚至可以挂个背景布）就可以直播了；而观众只要有网，无论 PC 还是移动端，都可以观看。

换做 VR 直播，做直播、观看直播的门槛大大提高。主播要买专门的拍摄设备，现在一套 VR 拍摄设备少说上万元；背景布在此时就不行了，容易露馅；观众也得有配套的头显设备，又是一笔花销。如果以 1080P 和 20 兆计算，采用 VR 直播，其单位用户成本会达到如今电视用户成本的 10 倍或手机用户的 100 倍。普通的视频网站会员一个月也就需要 20 元到 30 元，但是如果使用 VR 直播想要保持同样的利润率，则需要会员每个月支付 3000 元左右。另外，VR 视频的拍摄成本

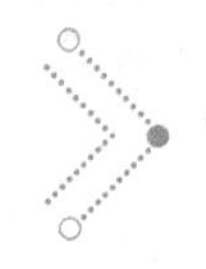

也非常高。从人力成本，到后期制作，再到向云端传输，产生的成本大概是每分钟 1000 元。不过这一点倒是在一定程度上提高了直播内容的质量与水平。

目前的 VR 设备都能够让用户感到新奇，但是缺乏熟悉感反而会拉远用户与产品的距离，并且成本较高，普及困难。

VR 直播多是采用头戴式设备加移动端应用模式。用户视角多是固定的，加之显示原因，一旦观看时间稍长，用户就容易产生眩晕感。硬件体验问题，归根结底是技术不够成熟，这也是阻碍 VR 直播普及的重要原因。

2. 延时

直播最重要的一点是“此时，正发生”。在 VR 当中，画面显示的延迟需要很低，通常 20 毫秒被业内认为是个分水岭，现在的视频串流技术可以将延迟降到 1 毫秒以下，这很不错。不幸的是，一段未压缩的 1440p 90hz 视频流的数据量高达 8Gb 每秒。而目前即便是高端的千兆路由器也满足不了这样的带宽需求。为此，图像必须在压缩之后再进行传输，或者是采用某种缓冲技术。

目前最普遍的 H.264 视频编码在遇到 VR 视频时表现出了明显的力不从心，因为在 VR 视频里面所提的 2K、4K、8K 基本上对应的是映射到矩形后的分辨率，在用户端重新展开为球形以后，视野内分辨率会下降很多。例如一个 4K 分辨率是 3840 × 2160 的视频，在展开成球形并分成左右眼以后，总分辨率下降到了 3840 × 2160/6≈1108 × 1247，而视野内的分辨率就更低了，如果是 3D 还会更低，从这点来说，4K 以下的分辨率是不足以拿来做 VR 视频的。4K 情况下用 H.264 在可接受的清晰度范围内码流接近 10Mbit/s，一部分机身压缩算法不够强的摄像机甚至达到了 20Mbit/s，这对于国内很有限的上传带宽来说，基本上是个不可能的任务，以现在普通家用最快的 100Mbit/s 宽带，运营商也只分配了 5Mbit/s 的上传带宽。这种分辨率和带宽之间的矛盾，也抑制了 VR 直播的推广普及。

CDN（Content Delivery Network，即内容分发网络）服务商网心科技 CEO 陈磊认为：“对于 VR 直播以及目前的视频产业来说，一个核心的成本就是它使用 CDN 带宽成本。2016 年我相信视频网站大的 CDN 带宽成本都会超过 10 亿元。”VR 直播之所以产生卡顿，是由于原来的互联网协议落伍，而且不能够针对 VR 移动场景。故而在大幅度的 VR 直播场景移动过程中，原来的协议不能够保障图像传输的清晰度和流畅度。

下一代高效的 H.265 编码加分区自适应码流也许是拯救 VR 直播的最好办法，

但目前高效编码算法和专利费这两个困境还摆在H.265版本的VR直播面前，Facebook的新锥形算法的开源也许将大大推进VR直播的推广进程。NextVR联合创始人DJ Roller指出，NextVR独到的算法可以让用户实现用很低的带宽就可以看流畅的VR视频。或许以后如何让VR直播流畅播放就成了各家公司的核心竞争力。

3. 生态的不成熟

当前，多数直播平台都是由大V、蓝V、草根和观众构成。VR直播由于技术问题尚未普及到全民范围，参与者多是蓝V。这种模式只能依靠内容本身及内容提供者的号召力，能够提供的VR直播场景极为有限，加之VR本就是个缺乏互动的平台，所以用户黏性不强。

8.1.3 VR直播如何破局

●综合情况

新事物的爆发有赖于事件的发生，之前柳岩的例子或许可以证明一点，想要爆发，得有点事件充作导火索。而事件激励之后，又如何留住观众呢?

如前文所说，换做VR直播，做直播、观看直播的门槛大大提高，一定程度上提高了直播内容的质量与水平。并非所有的直播内容都适合VR直播，参与性大、年轻消费群体多、具有话题性的内容更适合直播。体育类的VR直播有望率先发展，音乐产业中的VR直播也是可行的，结合一些VR外设，体验会更好，并且用户付费观看音乐演唱会的在线直播已逐渐养成，为VR直播的上线铺设道路。

古人的“工欲善其事，必先利其器”一直都没错，终端设备升级，不管是摄制端还是设备，体验好并且廉价了，自然能带动VR直播的爆发。花椒直播在2016年6月7日推出VR直播平台时，便免费发放了10万台VR眼镜。

●各家公司的具体行动

各大相关公司都相当重视VR直播，都有各自的战略战术。VR直播不可能一下子大规模普及，鉴于成本与收益的考量，大家在做的都是有重大价值的VR直播，具体来说就是大型体育赛事、大型演唱会及类似的真人秀的VR直播。毕竟大型体育赛事、大型演唱会等的门票价格虽高，但也不怕没观众买单，做这两种资源的VR直播在商业上的可行性最高。

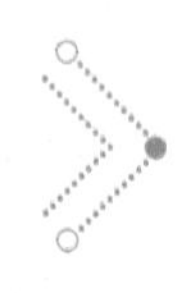

根据国外媒体 Variety 的报道，较早涉入这一领域的 NextVR 计划以 8 亿美元的估值融资 8000 万美元，其中 2000 万美元已经确定由中信集团投资。此外，NextVR 还与福克斯体育和 Live Nation 签订了多年期合作协议，将有更多直播内容出现在 NextVR 的内容名单中。2015 年 NBA 2015/2016 赛季中的第一场比赛 NBA Digital 就与 NextVR 合作过 VR 直播，之前还专门制作了 2016 年总决赛的 VR 版纪录片，而 2016 年合作又近了一步，NBA 2016/2017 赛季中每周至少有一场比赛将会进行 VR 直播。据悉，此次 VR 直播采用的是 180° 的直播，虽然不是 360° 的直播，但是这样可以为用户节省不少无用的画面。此次直播观众能够在 8 个战略性机位之间移动。室内导演将随着比赛进程实时调整定位，保证观众始终捕捉到所有动作的最佳视点。

国内有很多紧抓体育资源进行 VR 直播的公司。华人文化宣布，旗下体奥动力将联合微鲸电视进入体育赛事 VR 内容制作领域，尝试为体育赛事提供 VR 直播信号，其播送赛事范围涵盖中国国家队、中超联赛、足协杯赛、业余足球联赛等国内几乎所有的重要足球赛事。暴风体育宣布将与 MP&Silva、光大证券合作，在体育版权、内容、互联网服务和 VR 领域共同构建世界体育产业新生态，还推出了全面的体育 VR 内容制作解决方案，并且已经与 CBA 展开深入地合作，共同探索 VR 内容录制和播放。2015 年乐视体育就在国际冠军杯直播中引入了 360° 全景等技术，作为中超独家新媒体合作伙伴，乐视体育还计划把 VR 和 360° 全景引入到中超直播中。打演唱会牌也是热门，例如乐视音乐准备在 2016 年拍摄 / 直播 100 场以上的 VR Live 演唱会，平均每周 2 场，并打造明星 VR 频道，每周推出一位明星大咖秀。芒果 TV、优酷等都在行动中。

8.1.4 AR 直播展望

1.AR 眼镜在直播中的作用

歌星在演唱会上忽然忘词并不是什么罕见的事儿，特别是周杰伦。作为创作型歌手，周杰伦写了不知道多少首原创歌曲，歌词大部分是他的最佳拍档方文山作的，可惜周杰伦在演唱会上唱着唱着老爱忘词，忘得一塌糊涂。那该怎么办呢？有笨办法：在演唱会的现场周围全方位 360° 满满地安装上提词器，把提示歌词的字幕投射到周杰伦能以任意角度看到的地方。这样，周杰伦就再也不会因忘词而唱不下去歌而丢人了……

我们可以这么想一想：假如周杰伦戴上AR眼镜，在AR眼镜上以文字提示歌词，那么，他就可以不用再在演唱会现场装那么多的提词器了。也许有一天，科技足够发达，AR眼镜能做成像隐形眼镜那样，周杰伦就算戴上AR眼镜偷看歌词，歌迷也不会察觉到，不会有碍观瞻。

AR眼镜发展起来确实会给我们的生活和工作带来许多便利。利用AR眼镜能够很方便地拍摄视频，当然也可以非常方便地用于直播使用者眼前所发生的事情。随着未来AR眼镜的发展成熟、广泛应用，我们将越来越强烈地感受到AR眼镜所带来的冲击力。

2. 各种AR技术在直播中的运用

①特效动画。其实现在我们在电视节目上经常看到一些属于增强显示概念的技术，用以增添特殊的效果。

例如，给电视节目中的主持人或嘉宾加上一个羞羞的红脸，这样的动漫感效果，会让观众很欢乐。或者，从荧屏横着飞过一只乌鸦，以表达幽默的意味。

这些效果，现在可以通过视频后期处理软件添加上去。还有其他一些特殊效果，如为视频中的人物头上添加兔耳朵之类。其实也可以直接在直播上即时处理，只不过对技术、对硬件要求更高而已。

有一款如上述概念的App，是韩国的《Snow》，带有许多种特效贴纸。国内也出过一款类似的，叫《FaceU》。因为只是视频后期处理，使用受限，如能在直播中即时处理，对活跃气氛、跟观众互动方面便取得突飞猛进的奇效。

②特效场景。增强现实在电视节目上的运用，还能转换场景。在VR影视部分已经介绍过了，就是绿幕技术。通过绿幕技术，能任意转换场景，让电视节目的主持人能“穿越时空”，如从大草原来到高山峻岭，乃至星际空间。

同样，这样的技术也能应用于直播上。这对主播的房间布置必然提出了要求，就是背景需要铺设蓝幕或绿幕这样的纯色背景幕布，直播画面会在计算机中进行处理，抠掉背景的纯色，再换上其他任意背景，如花园、宫殿、大草原、高山峻岭，乃至星际空间等。

实际上，现在已经有公司在运营这样的AR直播了。随着技术的发展，AR直播的明天会越来越好。

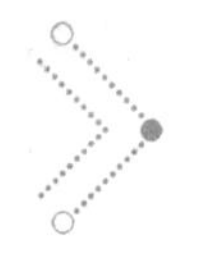

8.2 VR（AR）给新闻行业带来的大变革

VR 直播和 VR 新闻，都跟 VR 影视有关，也都比纯粹的 VR 影视更贴近实际。

在 2016 年的 Sheffield Doc/Fest（谢菲尔德国际纪录片电影节）上，出现了如《Home: Aamir》（《家园：阿米尔》）等多部展现难民危机的影片。这些作品虽然也属于 VR 影视范畴，但作为纪录片类型，有着更强的新闻特性。跟视频拍摄得好坏相比较，更注重信息的传递。在 VR 影视技术还未够成熟的情况下，仍然有重要的观看价值。

如何真实、生动、全面地传递信息一直是新闻工作者孜孜不倦的追求。从最初的口口相传，到文字报道，再到 20 世纪兴起的图片、声音和视频，内容形态越来越丰富。最近一年，随着 VR 技术的兴起，VR 技术的“3I”核心特征，即沉浸（Immersion）、交互（Interaction）和想象（Imagination），带领受众以第一视角去真正感知新闻发生时的现场感，使人们发现 VR 在新闻报道上大有可为。

美国广播公司（ABC）已经推出了一项极具创新意义的虚拟现实新闻报道服务，名为“ABC News VR”，这项新闻报道服务可以提供新闻现场的事实画面，通过 VR 技术，让读者身处新闻现场并自由移动，更好地了解当地发生的事情。

由此可见，VR 新闻有着很好的前景。

8.2.1 虚拟现实新闻初探

我们谈到虚拟现实新闻，那首先得清楚什么是虚拟现实新闻。虚拟现实技术，脱胎于计算机图形图像技术，大的来说，包括之前的虚拟演播室技术，都可以算作虚拟现实。但细细考究，考虑到现阶段所谈及的虚拟现实新闻，可以分为 360° 全景新闻和类似新闻游戏的“沉浸式新闻” (Immersive Journalism)，后者的概念来源于德拉佩娜，她和她的团队于2010年发表论文，首次使用了沉浸式(浸入式)新闻 (Immersive Journalism) 的概念来定义使用虚拟现实技术制作的新闻，其基本原理是允许参与者以 3D 数字动画代理的化身进入到一个描述新闻故事的虚拟再现情境之中，参与者一直是以数字化身的形象出现并且可以从化身的第一人称视角去看虚拟世界。

业界更多的是将“360° 全景新闻”作为虚拟现实新闻来看待。所谓 VR 新闻，就是将 VR 技术运用到新闻报道中，包括静态的 360° 照片，视频或者直播，尤其适用于一些可以体验式的报道，或者普通人关注度很高，但因为安全或者距离等原因无法身临其境的，比如之前的珠海航展或者美国新总统入职典礼。

从 VR 技术的本身出发， VR 技术从本质上是来源于计算机图形图像技术，用户借助于计算机生成的三维虚拟环境，从自己的视角出发，浸入其中并与其进行实时互动，创造出一种“身临其境”的“第一人称代入感”。虚拟环境既可以是现实世界的复现，也可以是主观想象出的“人工世界”，VR 技术的核心特征可以归纳为“3I”，即沉浸 (Immersion)、互动 (Interaction) 和想象 (Imagination)，现在，在人工智能火热的情况下，也有人提出要加上“Intelligence 智能化”构成 4I，但不管怎么说，沉浸、交互、构想这三个是必须要满足的，三者缺一不可。但从全景新闻的表现形式来看，观众以 360° 的视角“亲临”新闻发生的现场，沉浸感可以满足，但交互、构想没法实现。据此，全景就不能称为“虚拟现实”，更别说“虚拟现实新闻”了。

但如果我们从新闻史中寻找答案，可以发现，邸报、小报尽管不具备现代报刊形态和生产模式，但作为专门刊载社会信息的最初载体，是报纸的原始形态。因此我们可以大胆假设，360° 全景新闻可以视为一种不太成熟的 VR 新闻，是起步阶段的，也是在当前的技术手段下能够做到的最好尝试。成熟的 VR 技术不仅是用计算机对现场进行还原，更重要的是它覆盖的感官局限于视觉，360° 全景新闻开启了 VR 技术作为新闻媒介的发展新路。

随着 VR 技术的引入，给传统新闻带来了很多改变。

1. 改变了新闻产品形态，报道的信息更加全面、丰富、个性化

从原先的文字，到声音，再到视频，报道传播的内容越来越多，越来越丰富。

2.VR 新闻突破了新闻传统媒体的叙事方式

原先的叙事，是记者作为一个“见证人”，从第三方的视角陈述客观事实（体验式报道除外）。而 VR 新闻，从“我”的视角了解新闻，相比传统叙事方式更具冲击力和说服力。这种“冲击力和说服力”，是一种新闻事件本身带给观众的感受，说服力是指观众觉得更加真实了，这两个是读者主观感受的增强。在《纽约时报》制作的 VR 新闻《无家可归者》中，用户戴上虚拟现实设备便可与片中的叙利亚难民们居于同一时空之内：飞机从头上呼啸掠过，用户与片中的难民一起循声仰望，看到数十个编织袋从天而降，用户不自觉地跟着人群一拥而上，争抢食物和药品。

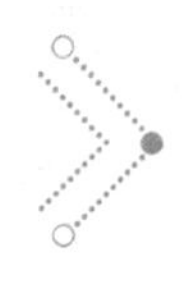

3. 对信息获取方式带来的改变

一直说人人都是自媒体，如今社交媒体成了大家发布信息的平台，甚至有人说社交媒体构建了拟态环境。传统新闻媒体很多时候也是先从网络上获取线索。随着 VR 的普及，门槛降低，更多的人可以通过最入门的全景摄影记录，发布自己看到的现场内容，尤其是一些大型突发事件。之前波士顿爆炸案，社交媒体在这次爆炸案的各个阶段都体现出超越传统媒体的速度，社交媒体时代，传统媒体可能会丰富获取信息的渠道，也会面临新的压力。

4. 对于新闻选题要求更高，换句话说，并不是所有题材的新闻适合 VR

一些在画面上有多角度大信息量呈现的都很适合 VR 新闻，比如体育新闻、重大突发事件、战地报道，或者需要空间感的新闻。之前就有一部《6x9: 单人监禁的沉浸式体验》（6x9: An Immersive Experience of Solitary Confinement）的作品，讲述的是一个人被关押在一个封闭空间内，VR 让读者了解这个空间的封闭性。不过对于重大的突发事件，由于现在技术还在初步探索阶段，很难做到大型。而一般的社会类新闻、资讯类新闻、经济类新闻，这些基本就是手机客户端刷一刷就过去了，没必要做 VR，而且用 VR 技术未免成本太高。

5. 让新闻传播的效果变得更好

全景拍摄，"第一视角"体验，这些都给 VR 新闻带来了有别于传统文字、图片、声音、视频新闻的传播效果。360° 的视角体验让新闻变得真实可感，看似可以"亲临"新闻发生的现场，让受众充分感受到新闻事件中的人物和环境，主动探索和挖掘种种细节，从而与新闻建立起更为深刻的情感联系。这不仅让受众的信息获取行为变得更加有趣，也有望改变新闻消费的模式，从"看"新闻到"体会"新闻。

6. 新技术、新人才的需求

纵观媒介发展史，从一开始口语时代，到文字时代再到现在的数字时代，随着传播技术的发展，新闻报道形式从最初的文字图片到声音画面，再到现如今的全景以及 VR，形式多种多样。就如同数据新闻带来的数据挖掘人员、图形可视化技术人员与编辑、记者共同合作建立的数据新闻团队一样，VR 新闻制作团队中同样需要加强 VR 技术人员、导演、360° 全景摄影师等人员的合作。

前文说到了人工智能，在人工智能时代，人工智能在传媒领域的应用开始崭露头角。人工智能与 VR 结合，可以利用图像识别，快速对拍摄素材进行整理与标记；可以快速生成语音播报……VR 新闻还可以与大数据技术和传感器技术相结合，提升新闻报道的广度和深度。媒体团队用数据技术对社会热点进行深度追踪，用 VR 技术构建虚拟场景，供受众参与感知和进一步拓展受众的思维方式、认知深度和信息交互能力。与此同时，在受众接受 VR 新闻时，VR 设备也作为用户的生理数据采集与记录者，从心跳、脑电波状态等身体数据，准确测量用户对于新闻信息的反应。这样层面的反馈，不仅更真实精确地反映了信息在个体端的传播效果，也为新闻信息生产的实时调节、个性化定制提供了可靠依据。从整体上看，这些数据也可能成为了解不同人群状态和社会动向的基础。

8.2.2 在冲突中前行

1.VR 新闻是真实还是欺骗

真实分三种：第一是真实发生的事实，或者换言之是“真相”，这是无法改变的；第二是媒介建构、展示的真实（记者或者其他人不可避免地会有自己的主观性，以及其他的因素导致与真相存在偏差），我们所看到的是重重把关后的客观切片；第三是受众理解的真实，面对同一新闻事件每个人解读出来的是不一样的，关注的点也不一样。按照目前业界沿用的全景新闻模式，多为 360° 直播，360° 全景全部收入，角度、细节由受众选择与控制，不受记者的主观影响。在一定程度上，和传统媒体比如报纸对比，VR 技术下的新闻，受众理解的真实与真相的距离确实缩小了。

但有学者基于沉浸式新闻定义，提出虚拟现实新闻再现出的新闻场景本质上是虚拟建构出来的，其中不可避免地会有制作人员的“把关”。沉浸式新闻有交互，有想象，但它偏向于事后重建新闻故事，这就有选择，主观程度大。如果想做到完全的交互，那么很难保证整个交流过程的真实性。我们不可能预计出场景内每一个人的动作、语言、神态。而如果在 VR 新闻中做到完全的想象……想象和还原新闻现场是有冲突的。能够把沉浸和真实性两者的特质平衡起来十分困难，至于完全应用了 VR 技术的新闻，感觉不再是新闻，更像是有着事实依据的 RPG 游戏。NPR 新闻部高级副总裁和内容编辑主任奥瑞斯克斯 (Mike Oreskes) 就批评《纽约时报》的《无家可归》，认为它的制作人员使用计算机将事后在事故现场拍摄的照片和视频拼接起来，让观众以为自己亲临了事故现场。

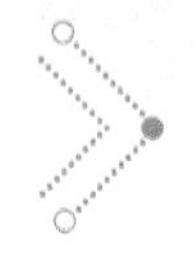

2. 移情效果的两面性

VR 身临其境的特点，也会带来不少麻烦，“技术是把双刃剑”是一个老生常谈的论调。拿看电影来说，有人认为现在看电影没有什么感觉了，他之前很喜欢看电影，也有偏好类型，但看多了就没感觉了，当然，这个没感觉也和他的个人心理状态有关。同样，未来 VR 新闻会不会也会“麻木”，没有感觉了？在如今读图时代、碎片化的时代，视觉上的冲击力在一段时间以后其实是小于文字的，给人带来的震撼程度，多数情况是：看到一张图，哇，好震撼，好，干其他的事，哎？刚才看的图是什么样子的？在如今，我们或许都变成了金鱼，仅有 3 秒钟的记忆。

VR 其强大的感染力，具有天然的移情效果，但移情效果是具有两面性的。一方面可以加速事件的传播与感染力，以达到传播者预期的目的。电影制作人、LightShed 创始人 Gabo Arora 曾这样描述联合国通过 VR 电影做公益筹款的效果：在观看公益 VR 影像之后，每 6 个人当中就有 1 个人捐款，不仅是捐款率提高了，而且每个人的捐款额也提高了 10%。

另一方面，VR 技术的强项在于影响观众的感官，从而造成感同身受、身临其境的在场感与参与感。然而，这种感同身受可能导致情感在用户群体中快速蔓延，导致理性“公众”退化成非理性的“群众”。古斯塔夫•勒庞在《乌合之众》中提到，群众全然不知怀疑和不确定性为何物。只要他将自己的情绪表达出来，立即就会坚定地认为它是不容辩驳的。

3. 新闻泛娱乐化

虚拟现实新闻借助新奇有趣的呈现形式以及工具，让受众能够从时间上和空间上感受另一个世界的信息和内容，大大刺激了观众的猎奇心。但新闻是严肃的，人们获取新闻的最初目的是为了获得有助于生存和生活的信息。而如今虚拟现实的火热，让一些媒体纷纷跟风，制造出“VR 新闻”的话题，事实上他们都没真正理解 VR 新闻是什么。

4. “电视人”到“虚拟现实人”

林雄二郎的“电视人”概念，指的是伴随着电视的普及而诞生和成长的一代，他们在电视画面和音响的感官刺激环境中长大，是注重感觉的“感觉人”。

一流的 VR 技术制作能力赋予新闻事件以超强的拟真能力，能够将一切现实的或想象的、抽象的对象栩栩如生地再现或模拟出来。而这种逼真的模拟，抹杀了受众的独立思考和判断的能力，让受众一味追求这些逼真的画面，沉醉于感觉上的享受。数字技术的大量运用、视觉奇观的轰炸使人们的文化想象日趋萎缩，审美能力日益钝化。在这个层面上来说，VR 新闻可能会导致人类成为“虚拟现实人”。

5. “虚拟现实”新闻是否会带来“缸中大脑”的可怕未来

复旦邓建国老师在《“虚拟现实”新闻面临的伦理风险》中提出了这一疑问。笛卡尔“缸中大脑”(brain in tub) 是指“凡是我当作最真实、最可靠而接受的东西，都是通过感官得来的；但有时候，有证据表明我们的感官具有欺骗性。”前文曾写道，有三种真实，我们感官所感觉到的信号，是无法区分它们到底是真实的，还是像《黑客帝国》中所描述的那样，有一个机器将我们的大脑养在营养液中，通过电极不断向它注入各种信号，让我们将“虚假”等同于“现实”。

从 1938 年的“火星人攻占地球”广播剧造成的巨大社会恐慌，到 20 世纪五六十年代电视对观众的涵化效果，到如今由社交媒体造成的回声室效应或算法推荐造成的信息茧房，再到今天的虚拟现实，人类对媒介的依赖越来越强。这使得媒介使用者被媒介营造的信息环境所影响乃至控制的可能性越来越大。麦克卢汉认为媒介是人的延伸，但在延伸的同时意味着“截除”，技术已经创造出虚拟的现实，这种如鲍德里亚所说的“拟像与仿真”呈现给我们的究竟是真实世界，还是一种经由媒介控制的超级真实（即李普曼的拟态环境），我们不得而知。

总的来说，VR 更多地在新闻传递的过程中起作用，也就是说 VR 的作用只是在“信息到达受众”这一环节提供更多可能性，那实际上 VR 更多的空间是在“传播”这个领域。对于未来 VR 的发展，就像现在“今日头条”有个性化的推荐一样，是一个过程，也有一个接受过程。而相关从业者要做的，就是将相关技术、理论丰富发展。

8.2.3 AR 新闻展望

跟 AR 直播类似，增强现实技术也能应用于新闻领域，同样有着特殊的、突出的效果。

1.AR 眼镜在新闻报道中的作用

AR 眼镜在 AR 新闻中同样能发挥显著的作用，随着未来 AR 眼镜的发展成熟、

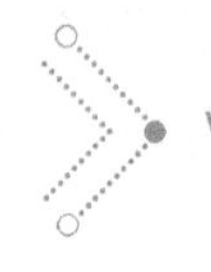

广泛应用，将能更好地用于各类新闻事件的报道。也许有一天，AR 眼镜终能取代手机的地位，利用 AR 眼镜进行直播自然比用手机直播更便利。

2.AR 技术在新闻报道中的运用

增强现实技术也能给新闻带来许多跟观众互动的元素。

简单来说，类似于前面在增强现实游戏那一章所介绍过的 AR 卡片那样的，就能很容易实现。如 2016 年 4 月 9 日出版的《洛阳晚报》推出的第 34 届中国洛阳牡丹文化节特刊《牡丹 最美的邂逅》，就引入了 AR 技术。读者打开对应 APP，对准报纸上的牡丹扫描，就能通过手机屏幕看到一株 3D 牡丹跃然纸上。

上面说的是在平面媒体上的简单应用，当然，也能在电视媒体、互联网媒体上进一步应用。除能更形象生动地传达信息之外，还可以增进社交互动等。

说真的，现在在平面媒体、电视媒体以及互联网媒体上常常出现的二维码，用户用手机扫描二维码就能进入相关的服务，从概念上讲，也有一点增强现实的意味。当然，真正的 AR 技术能做的远远不止于扫描二维码所能提供的互动，有着相当广阔的发挥空间。关于 AR 新闻的未来，大家可以尽情去想象……

8.3 魅力无限的 VR 旅游

在提及 VR 在旅游行业的应用前，有必要梳理下目前旅游行业的困境和旅游体验的痛点。简单来说，目前国内的景区多数存在过度包装、过度营销的问题。用户从景区宣传材料中了解的信息与实际信息不相符，旅游体验不好，实际游览效果不佳——看景还是看人的问题。不仅如此，国内景区的门票普遍较高，旅行的手续烦琐，尤其是涉及出境游。此外，遭遇黑导游、强迫购物消费、不合理低价组团、虚假宣传诱骗消费者等现象依然存在。“青岛大虾”“天价鱼”等事件屡见不鲜。

而这一切，在 VR 技术引入后或许会有所改观。在 2015 年的 F8 开发者大会上，扎克伯格为希望去意大利小镇的观光者展示了一段 VR 旅游视频。人们不再是仅仅看静态图片或视频，浏览一些酒店和餐馆的评论，而是能以虚拟方式“实地”考察，如在市场或城市广场上闲庭信步，感受其真实的体验。如今，海滩、丛林、瀑布、金字塔和世界其他奇观都可以通过 VR 系统来“实地”体验。VR 时代的到来，从某种程度上可以解决部分旅游信息不对称的问题，尤其是对景区或目的地的了解会比较深入。

VR 不仅能让用户足不出户就能看到景区的各个细节，还能看到不对外开放或不定期开放的场景。无论是筛选旅游目的地，还是体验惊险刺激的旅游景观，抑或是体验一座城、一个景点的过去和未来，VR 都能满足用户的此类需求。在 VR 技术的帮助下，用户的旅游体验将会大幅度上升，甚至会颠覆传统旅游的一部分营运模式。假以时日，当 VR 技术达到完全成熟的状态、VR 内容也异常丰富时，用户就可以足不出户地浏览世界各地的美景，或者在出门旅游前提前预览要去的城市、要住的酒店、要玩的风景区。相对于单纯的平面照片和视频，用户可以通过 VR 获得更加丰富的目的地信息。

目前已有一些企业正在尝试把 VR 应用在旅游领域。而旅游业对于 VR 技术的应用，主要集中在 VR 沉浸交互体验（主要是应用在主题公园）和用来激发潜在游客开始旅行的广告、营销上（主要是目的地营销）。

VR+ 旅游有着巨大的发展红利。但 VR+ 旅游依然存在巨大的不确定性，目前的核心问题还是在内容层面。优质的 VR 内容依然缺乏，持续生产优质内容的平台尚未出现。想发展 VR 旅游，还是得先做内容研发，确定内容生产的标准和生产机制，降低成本，将大量优质的内容投放给用户。

面向未来，还会有 AR 旅游、MR 旅游，将会给用户带来更美好的体验。鉴于 AR、MR 技术发展得还不够成熟，在这里对 AR 旅游和 MR 旅游不多提，大家可以参见本书关于 AR 和 MR 对应的内容介绍。

8.3.1 景点虚拟游览和酒店看房

1. 景点虚拟游览

从目的地的呈现方式上来看，VR 技术将取代现有的文字和图片介绍的形式，用来吸引和招揽游客；从旅游产品的组织形式来看，未来旅游行业会形成实景旅游和虚拟旅游两个格局，它们分别对应不同的市场。实景旅游侧重高端旅游市场，虚拟旅游则成为旅游业的另外一种补充；从企业的服务形式来看，旅游业者可以利用 VR 技术做好行前宣传，通过设备增强旅游体验品质，并在此基础上做好评价反馈。

基于 VR 虚拟现实科技，游客只需要戴上一套 VR 头戴设备，就能借助

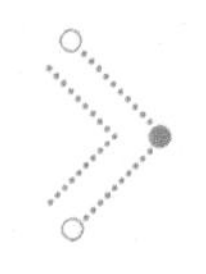

360° 全景视频、照片乃至感官设备来进入虚拟旅行体验。游客还可以通过VR，在行程开始之前，就全方位地了解整个行程的始末，从而制订完美的行程和计划。近两年来，国内外旅游局、景区运营方纷纷在景区、目的地营销方面引进 VR 项目。

世界邮轮网通过 VR 魔镜技术将只有在豪华邮轮船只上能够感受到的真切体验带到普通消费者的身边，为邮轮旅游线上、线下的融合带来新模式。墨西哥旅游局已经开始使用 Aurasma App，通过虚拟的经验册和明信片，让潜在的顾客和参观者能够感受他们所提供的旅行；澳航将宣传册内置在虚拟现实头盔里，为航客提供 360° 身临其境的新颖体验服务；南非旅游局将惊险刺激项目浓缩成一个 5 分钟的虚拟现实视频让游客体验。此外，南非的旅游发展局和旅行机构还发起了一项活动，制作 360° 高清画质和双声道音效的南非风情宣传片，输送到伦敦和曼切斯特的酒吧，让消费者可以在酒吧里戴上虚拟现实头盔设备，刺激其消费欲望；精钻会游轮利用虚拟现实开发了 Azamara 3D，让乘客“切身”体验游轮生活，例如驾驶一艘游轮穿越哥斯达黎加雨林，或者游历巴拿马运河。

2016 年 4 月，暴风科技联合澳大利亚旅游局，在暴风全媒体平台上线澳大利亚各城市 VR 视频。用户去澳洲前，可以通过其官网和门店，体验澳洲的人文风情和旅游美景。2015 年年底赞那度推出了中国第一个“旅行 VR”App，同时发布了中国首部虚拟现实 VR 旅行短片《梦之旅行》（*The Dream*）。目前已经有长城、长白山的视频上线，其他视频也将陆续上线。

2. 酒店看房

2016 年 3 月，如家宣布 2015 年度中国自驾游路线评选中入选的“36 条极致自驾路线”由“一道走”拍摄成 VR 视频，并通过提供给入住宾客 VR 眼镜，让如家精选酒店成为国内首个提供客房 VR 体验的酒店品牌。2016 年 3 月，艺龙发布了使用 VR 技术拍摄的酒店体验视频，希望以此提高预订成功率。迪拜亚特兰蒂斯酒店、卡尔森瑞德酒店集团旗下丽笙酒店等也相继推出了类似的虚拟现实体验服务。空空旅行则针对客栈运营，引入全新的 VR 虚拟现实技术应用，让游客足不出户，便能身临其境，合理制定完美的行程规划。

关于酒店看房，也就是 VR 看房，更多的情况会在下面 VR 房地产这一部分内容里讲述。

8.3.2 VR 主题公园和人文旅游

1.VR 主题公园

VR 应用于主题公园主要有以下两种形式。

第一种是 VR 与主题公园里的过山车结合，带给用户一些完全不一样的体验。以前当人们坐在飞速穿梭的过山车上时，伴随的是乘客惊险刺激的尖叫；而配上 VR 沉浸式内容后，就变成了“星际过山车”，用户可能会感觉在云端飞越，或者在星际飞行，或者在天外的某个星球探险。2016 年 1 月，英国索普公园（Thorpe Park）与奥尔顿塔（Alton Towers）先后宣布推出虚拟现实过山车体验、虚拟现实幽灵列车体验。同年 3 月，三星宣布将联手世界上最大的主题公园 Six Flags，用三星 Gear VR 设备为消费者搭建虚拟现实过山车，让人们获得突破性的多维虚拟过山车体验（如图 8-2 所示）。在进行虚拟现实过山车体验时，人们依然坐在真实的过山车上，但乘坐者须佩戴 Gear VR 设备，设备中会播放预先定制好的 VR 视频，为用户提供不一样的视觉体验。此次将推出的 9 台过山车，有 6 台内置的是外星人入侵主题，人们会在过山车上大战外星人；其他 3 台则主打超人大战反派的题材。这些视频是根据头盔设备上陀螺仪、加速计和各种传感器上的数据实景制作的。

图 8-2 虚拟过山车体验

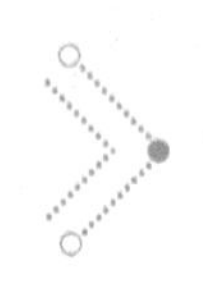

第二种 VR 与主题公园的结合方式是利用 VR 直接打造一个完整的虚拟现实主题公园。美国的 The VOID 已经打造出原型产品——The Void 主题公园，其体验的核心是重新定义行走的概念。玩家戴上具有 180° 视角的定制手套和头盔（如图 8-3 所示），在 60 米 ×60 米的房间里（被称为舞台）进行探险。由于该舞台上的道具实物都是经过精心设计的，所以在“探险”过程中玩家可以很真切地感受到和现实中的触感一样的“钢管”“门把手”“墙壁”“石头”。在这个“舞台”上可以上演不同剧情的主题冒险娱乐活动，如反恐枪战、沙漠探险、大战外星人等。从某种程度上来说，这跟 VR 互动游戏很相近，沉浸感好、惊险刺激。目前利用 VR 打造的主题公园除了国内华强方特主题乐园，在德国、墨尔本、意大利等地都有厂商在尝试利用 VR 技术打造新一代主题公园。

图 8-3 虚拟 FPS 游戏

随着 VR 技术的发展，这种更刺激震撼、新奇炫酷的旅游体验将能俘获众多游客的芳心，因为它能让游客瞬间沉浸在无与伦比的虚拟空间里。并且在建造和运营成本方面，VR 虚拟主题公园也有很大优势，传统实体主题乐园搭建耗资巨大，对于开发商和运营方而言，会面临资金的压力，承担设计、建造、人力、财力等风险，而打造虚拟主题公园的风险则要小得多，并且公园可以实现定期更换娱乐主题，推出越来越多的场景，做到“风格百变”。

2. 更适合用 VR 呈现的人文旅游

人文旅游的特点是以文化景点、人文特色的游览体验，这些旅游资源有一定的历史、人文背景，更重要的还有一些是普通人没法体验，也没法领略的，最典型的莫属故宫，故宫里面对外开放的部分只占了极少数。

无论是对文物价值的提炼还是对历史遗址的还原，虚拟现实都能做到。目前的技术可以实现对长城各个历史阶段影像的还原，做成虚拟现实的影像材料，让用户能够体验今日的长城和昨天的长城，今昔对比，穿越古今。

此外，现在虚拟现实已经成为数字博物馆、科学馆、沉浸式互动游戏等应用系统的核心支撑技术。在数字博物馆、科学馆方面，可以利用虚拟现实技术进行各种文献、手稿、照片、录音、影片和藏品等文物的数字化和展示。对这些文物展品高精度的建模也不断给虚拟现实建模方法和数据采集设备提出更高的要求，在一定程度上推动了虚拟现实的发展。现在纽约大都会博物馆、大英博物馆、俄罗斯冬宫博物馆和法国卢浮宫等都建立了自己的数字博物馆。我国也有了数字科技馆和虚拟敦煌、虚拟故宫等。

8.4 颇具前景的 VR/MR 房地产[1]

随着 VR 技术的突飞猛进，VR 的触角正逐渐蔓延到房地产行业。虽然 VR+房地产的热度没有 VR+ 游戏、VR+ 娱乐那么高，但是在虚拟现实这股热潮中，VR+ 房地产也俨然成为了房地产行业的一个新的模式，它让传统的房地产营销有了新的思路。因此各大房地产开发商对它尤为上心，于是各类 VR 样板间开始出现。当然，这里说的 VR 目前大部分为全景，少部分包含了简单的交互。

在做 VR 样板间的同时，还可以做 VR 家装。VR 家装也可以作为一个独立的项目、一个独立的应用。其实，还可以有 MR 家装，如图 8-4 所示。

1 本部分内容根据《房地产VR为何突然火了》《跑马圈地，那些活跃在百亿级VR样板间的玩家们》《你所不知道的房地产VR的痛》三篇文章改编而成，原作者蒲鸽。

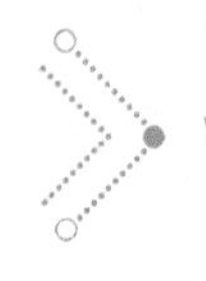

图 8-4 MR 家装

8.4.1 VR 房地产的现状概述

1.VR 看房能够解决的问题

目前国内比较有名气的房地产商像万科、绿地、碧桂园、当代置业等，都开始引进 VR 技术运用在众多项目，作为售楼处的体验商品，多了一个吸引消费者体验的新方式。例如已经有媒体报道，绿地计划将 VR 设备变成旗下全部项目售楼处的标准配置，并要求新建项目都要引入。一位绿地集团内部人士强调，绿地的“VR+ 房地产”计划，是从集团战略层面去落实，希望未来深入到成本测算和房地产开发运营环节改革层面等。不得不说，VR+ 房地产对于开发商来说是下了一步好棋，毕竟虚拟现实技术的应用能解决开发商的很多问题。

①资金成本（包括时间成本）

作为重资产行业，资金如何快速地周转是房地产开发商需要考虑的核心要素。例如，如果两家开发商拿到同样的地皮，到时建成后卖同样的价格，在一年时间销售完成和在两年时间销售完成，利润会差一倍。为什么差距会这么大？其背后的原因在于开发商每天都需要承担高达几百万元的利息，一个很简单的算术题，一年有 365 天，这个利润差距可想而知。为了尽快出售，开发商往往在正式盖楼前就开始推广楼盘，盖售楼处几乎是和打地基同时进行。可房子还没盖好，如何让用户了解未来的户型呢？楼盘模型只能了解外观，户型平面图还要靠脑补，这时候，临时样板间便派上了用场。临时样板间曾在很大程度上提升了预售效率，加快开发商回款，而如今 VR 的出现，让它的效率也滞后了。

如果你搭建临时样板间，从规划设计开始，到购买材料、签订设计合同、签订装修合同、施工、软装进场，直到最后验收、推广，时间至少在3~6个月。而这3~6个月对于营销部门来说，除了做一些暖场活动外，毫无销售可言。而VR技术的出现，让3~6个月的时间直接缩减为10~15天。通过虚拟看房，营销人员可以提前锁定客户，提前销售，赢得时间红利。

在成立无忧我房之前，无忧我房现任CEO李熠已经在当代置业待了8年，他也深谙房地产开发程序的漫长。他最初是想通过新的金融或科技方式来缩短产业链。对于房地产的开发模式而言，非常重并且很传统、无法迭代，于是他们起先推出了“众筹买房”来收集市场反馈。但在接触到Oculus之后，李熠再次将这个技术应用到了房地产开发上，帮助开发商在楼盘还没有完全竣工的时候，利用虚拟现实的技术，让买房者看到未来样板间的户型和细节。“当时觉得这是未来的趋势，在开发商还没有盖房子的时候，就能看到户型，对开发商来说是极大的利好。一是可以提前测试客户意愿，二是减少开发商的部门成本，并且VR看房，可以不受任何地理位置的限制。”李熠表示。VR技术也让开发商更省钱。以往，临时样板间的成本在6000~10000元/平方米，而VR技术让每平方米的成本直接降到600元以下，成本不到原来的1/10。 这个投入成本相对于其他宣传营销的动辄上百万元来说，这确实是一个值得做的买卖。不过，这只是理想情况。目前VR技术尚未完善，体验效果不佳，而且大多只是全景的形式。尽管当你还在美国西海岸时，就可以看到一套北京三环的房子，但对于这项新鲜的技术来说，有的开发商似乎并不是那么接受。大多开发商出于习惯和保守的考量，并不会将样板间全部替换成VR样板间，而是两者双管齐下。在一线代理公司有着十几年楼盘销售经验的刘雪婷表示，即使有的开发商使用了这套服务，仍会推出实体样板间。而另外一位房地产行业的从业者则直言，VR看房完全是噱头。这位从业者表示，除了VR技术之外，更多的开发商是在使用4D或者360° 全景样板间看房。对于他们来说，VR只是一个宣传噱头，很可能只是针对青年LOFT户型或新项目，偶尔来做几次活动，吸引用户的眼球。刘雪婷也表示，在推出了虚拟样板间的服务之后，每天预约前来的看房者有很多，大都抱着新奇的态度进行体验。但她又解释到，虚拟样板间的意义并不在于完全地取代实体样板间，而在于开发商可以提前宣传，提前测试潜在用户的意愿和喜好，调整销售规划等。“对于开发商来说，这不仅减少了试错成本，也减

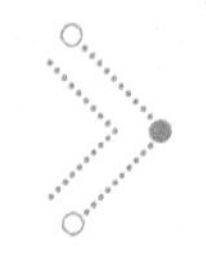

少了样板间的成本。”刘雪婷说。

②人流量营销

营销最好的地方就是人流量足够大的地方，能大大提高销售转化率。而传统售房，往往只是在人群集中的地方发传单，好点的情况是找块地搭个展棚，摆摆模型，放放视频，方式单一，而且在那么短时间的接触里，很难给人留下较深的印象，更别指望他还会专门跑到售楼处去了解详情。而 VR 技术的出现，却可以在人流量大的地方，打出噱头，创造出让人感到新奇的虚拟世界，在此基础上截客、获客，提升销售转化率。

③异地看房

随着旅游地产、养老地产、海外地产还有作为投资的酒店公寓的兴起，异地买房开始逐渐成为中产阶级的一大生活方式，而这其中却是痛点颇多。例如，海南的楼盘，作为旅游地产，需要在全国销售。旺季，游客进岛，房子自然好卖。可到了淡季，房子还得接着卖，这个时候，营销人员就需要出岛，在重点城市布点销售。而布点销售费用惊人，且耗时耗力。租展厅，一租就是 3~4 个展厅；做沙盘，小则 10 万元以内，大则 30 万 ~40 万元 ；如果用 VR，一个展厅即可。同时，不需要做沙盘。VR 费用大多低于沙盘，而效果远超沙盘。此外，VR 的便捷和移动性，方便在各地铺开，并反复使用。对于买房人来说，也不用请假跑到海南去看房。当然，开发商们也承认，靠 VR 直接带动异地销售的概率比较低，其更多是提高客户的决策效率。客户看到感兴趣的虚拟户型，会提前缴纳少部分预定金，再以旅游的形式实地观看，由此提升售房概率。

2.VR 看房在技术上的实现方式

现在的 VR 看房内容主要由以下两种方法制作，各有各的优点与缺点。

第一个是基于全景拍摄的视频采集。视频采集的成本较低，易于操作。但由于视频采集主要由全景设备拍摄完成，种种的限制直接导致很多缺点。画面分辨率低、画面容易出现变形、晕眩感较强、缺少人与景之间的互动，这些是目前的通病，本书中也有专门的章节讲解。从某种层面看，视频采集的方式算不上真正意义的 VR。真正的 VR 要求更高质量的画面、更真实的效果，以及人与环境的互动。

第二个是采用游戏引擎 Unreal 或 Unity 进行开发。与第一种相比，第二种会比较好。基于游戏引擎的开发团队在技术上更具实力，这样的产品就和解密游戏一样，可以让用户真正沉浸于虚拟世界中：行走、打开冰箱门、拿起杯子、更换家具颜色、拧开水龙头看水哗哗地流动、打开窗户看到光线的明暗变化、测量室内高度等。虽说游戏引擎Unity比较容易上手，但做出来的画面偏卡通，缺少真实性。对于动辄几百万元的房地产交易来说，向用户展示这样的画面，多多少少会让买房人对于未来的居家环境大打折扣，有种不靠谱的感觉。于是，Unreal成为更理想的开发工具。它能做出与现实所差无几的真实效果，且画面更为精致，交互更为多元。但缺点也很明显，难度大、上手慢、国内能熟练操作Unreal的团队比较紧缺。采用何种工具进行产品开发，成为VR看房团队实力的一大分水岭。不过，百亿元的大市场，在行业巨头们垄断90%的市场前，谁都有得玩，正所谓远近高低各不同。不同的地产开发商，根据自身的实力，也可以选择技术和价位各不相同的伙伴。而将视频采集的方式直接用于现成的二手房也不失为一种便宜且便捷的方法。

3.VR看房的实际运用效果

开发商选择利用VR技术，自然是看中了它自身特质，在体验方式上，VR营造的是“沉浸感”，让用户参与其中，身临其境地从任意视角漫游观察和体验产品，能随意浏览不同房型和装修的房屋。但是，估计不少用户体验完了之后还是会问，实体样板间在哪呢？VR+样板间对于购房者来说是一种真需求吗？

首先，是技术上的问题。具体到看房应用上是优化问题。“秒拍为什么会火？同样的视频质量，在一般平台上打开，需几十上百兆的流量，而秒拍只要几兆。打开迅速，又不耗流量，画面还好，这就是优化做得好。”李熠说道，“同样，VR也亟须优化。”VR对于显卡的需求极大，即使是市场上性能最好的显卡之一的英伟达GTX 980 Ti显卡，想要呈现更逼真的动态效果，加入更丰富的人景互动，也是捉襟见肘。当然现在也有了GTX 1080，但其昂贵的售价不是一般人能承受得起的，单一块显卡就要5000多元。这个时候，优化的重要性便体现出来了，其好坏程度直接关系到团队的核心竞争力。“这就需要不断去尝试，在画面质量和资源损耗之间找到平衡点，像是踩钢丝。”李熠说。“这可是个苦活，用户交互得越好，背后的工作越多。”一直从事交互设计的冯星说。性能优化还有一个基本功，那就是视觉标准，有多少帧、必须满帧、不能掉帧、更不能卡帧。“这个基本功，能卡掉百分之七八十的团队。” 指挥家VR的曾子辕表示。

其次是假设你在体验VR版本的样板间，你只能按照已经设定好的程序去体

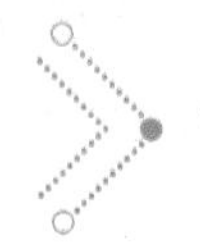

验，它带给你的除了视觉真实之外，其他的感受也许你并不能从中获得。但是你在那个环境里面，你想去坐坐沙发，想去摸摸质感，想要打开窗户看看视野和光线等，等于说一切的触感你是没法感受的，还是得有现实世界的实体来辅助。而且目前市面上的硬件产品参差不齐，有的头盔因为质量差，戴久了容易出现头晕、眩晕不适感。另外如果刷新率不够，或画面有滞后，都会让客户的大脑产生异样的感觉，无法达到“身临其境”的居住体验。并且对于样板房，潜在购房者能从细节方面去看各个角落，毕竟买房是个大事情，肯定会考究很久。而且如果看房的是老年人，他们未必会对这种 VR 版本的样板间感兴趣。最关键的点是，用户对于虚拟现实带来的看房体验的不信任。VR 版本的样板间再怎么真实它都是虚拟的，尤其像房子这类交易，它不像游戏或娱乐，它的交易成本高，虚拟现实的体验始终不能带给客户一种安稳和靠谱。客户可能还会怀疑，VR 版本的样板间做得这么完美，数据什么的会不会有些什么纰漏之类的。

尽管各种 VR+ 被炒得很火热，但是它还并没有形成一整套的商业应用，尤其是消费者对于它还并不太感冒。目前房地产应用虚拟现实技术，也只是多了一种宣传营销方式，也就是“噱头”。至于能否真的对购房成交有积极的作用也还不能有权威的数据得知。实体样板间就像客户吃的正餐，而 VR 样板间就充当于一个饭后甜点，对于喜欢甜点的人来说，它是加分的。而对于喜欢正餐的人来说，已经吃饱吃好了，甜点可有可无，并不会影响他吃饭的质量。

4. 从 VR 看房引申出来的 VR 家装

除了 VR 看房还有 VR 家装。戴上头盔，在虚拟的世界里，换换沙发、试试北欧风，然后再一键下单预估整套家装的价格，对于苦于装修的年轻人来说，这是再也轻松不过的了。2016 年年初，专注 VR 家装的美屋 365 完成了 1800 万元的融资，彼时这家公司才成立了 9 个月。而国内类似的平台还有豪斯 VR、指挥家、芸装家居、布居 e 格、锐扬科技，传统互联网家装公司土巴兔，上市公司洪涛股份、亚夏股份等，这个领域已经成为了 VR 消费场景应用最广的一类。荣盛发展则发布了其更为宏大的战略构想，即通过 VR 撬动整个营销、服务及售后体系。从未来业主我要买房、进入未来的家，再到 DIY 装修未来的家，并且在客户签订购房协议后，VR 眼镜赠与客户，客户可以提前畅想自己的装修风格，像淘宝 Buy+ 一样，在自己家里摆放家具、更换壁纸。而这一切的选择，则由荣盛建设装饰公司提供。这也就意味着荣盛在卖房阶段已经把装修的客户锁定了。

8.4.2 VR房地产的要点总结及MR的引入

VR房地产可以分为两个部分：

- VR看房
- VR家装

VR看房在技术上的实现方式有两种：

- 实拍看房
- 建模看房

在VR看房的同时可以实现VR家装，其实家装部分可以分为两种：

- VR家装
- MR家装

MR家装在前面没有说明，在这里特别介绍一下。

MR家装需要MR眼镜的支持。VR眼镜现在已经发展起来了，MR眼镜还未在消费者市场推出。故此VR家装先做起来了。

MR家装的实现方式跟VR家装的实现方式类似，但在效果方面也有很大不同。MR家装是现场看房，毛胚房就可以，但是没有装修的毛胚房通过MR眼镜进行装修，能够像VR家装一样由用户自由添加各种家具、贴上各种壁纸。MR家装将会是MR眼镜的一大热门应用。

其实无论VR家装还是MR家装，都属于VR/MR概念电商，也可以参见后面概念电商这一部分的讲解。

8.5 多姿多彩的VR/AR教育

虚拟现实技术能迅速火起来，很大程度上是由于它突破了人们对三维空间在时间与地域上的感知限制，并可降低成本与风险。这也给VR教育带来了便利。

最近几年，教育从最原始的线下授课，发展到了线上。但就在线上教育还没站稳脚跟的时候，VR就半路杀了出来。教育行业从最早单一枯燥的说教与图文教学，随后融入了视听媒体，再到后来计算机在教育中的普及应用后多媒体的发展，虽说有所发展，但都未能突破二维图像的界限。而VR乃至AR技术的引用，却能带来改观。

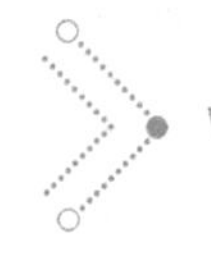

8.5.1 广泛应用的 VR 教育

1. 以游戏方式进行非常形象化

游戏对学生有着特别的吸引力，通常老师在讲课的时候，传输的信息都是文字加图片的形式，用印在书本上的图文与课堂上的多媒体展示。相比而言，游戏的方式明显更能吸引学生的眼球与注意力，甚至长时间专注其中，而后者学习一会儿就渐显疲态，继而分心。因为游戏的方式生动形象且不断变换的场景容易吸引学生尽情投入，比起单一的印在书本上枯燥的图文和空洞的说教，或是多媒体的展示中被要求被动观看强制性的学习，远远不如进入游戏角色与场景中游弋在虚拟的世界里，学生的专注力在虚拟情境中明显更持久。

2. 突破时间与地域的限制

学生们戴上 VR 眼镜，仿若进入某个课程的虚拟场景的三维环境里，进行人、物、景的多重交互，即可重现历史场景或现实中肉眼无法观察到的物体的多维展示。一道刁钻的几何题，或者几个天体的运动分析，就很难用语言来表达清楚。这时 VR 的三维立体呈现就可以十分简单地告诉我们答案。我们可以直观地感受到文字所表达不出来的部分，更为清晰地了解到问题的每一处细节。以后再遇到同类的问题，我们就会自然而然地推理出答案。

美国 zSpace 公司是一家为 VR 教育提供解决方案的典型公司。在美国本土已有上万名学生正使用 zSpace STEAM（science 科学、 technology 技术、engineering 工程、art 艺术、mathematics 数学）实验室课件进行学习。早前的 zSpace 系统是由一台虚拟现实显示器和独立的计算机组成。zSpace 为实现技术革新，如今开发了全新的一体机产品。zSpace300 具有更加的实用性，也降低了各大学校的采购成本。通常情况下，学校都会采购一套 zSpace STEAM 实验室课件，包括 12 台学生使用的虚拟现实工作站和一台教师使用的工作站，每个工作站都有配备一个互动操作笔和不同的教育软件（如图 8-5 所示）。学生们坐在教室里，就可通过这些虚拟设备来访问历史古迹，甚至直接穿越回过去。圣泽维尔学校（St. Xavier's School）的 850 名学生通过虚拟现实技术学习了关于太阳系的知识，学生搭上了太空飞船并且探索了太阳系的每一个星球。在课程结束后，学生们迫不及待地向朋友分享交流他们的经历，有学生表明自己第一次亲身体验虚拟现实，这种体验让他学到了很多知识，同样也让他感到这种教学非常有趣。在学习化学时，分子原子的跃动，一些元素氧化的整个过程全部立体展示，学生只需摇摇头，晃动下身子，都可以达到近似现实的体验。它们变换的效果，既形象直观，又规避了化学实验可能带来的危险，想起来就很新奇有趣。在做生物实验时，老师可以在虚拟场景中解剖动物，拆解动物身体内部构造，甚至可来回解析几次，学生也可以通过虚拟的方式来完成解剖过程。Barts Health NHS Trust（巴兹保健和国民信托）的肿瘤外科医生 Shafi Ahmed 博士是英国一流癌症外科医生之一，他在皇家伦敦医院对一位结肠癌病人身上进行了手术，该手术直播给成千上万位医学院学生观看，其目的是为了改进医学院的学生训练，这场直播手术展示了虚拟现实如何成为一个强大的教育工具。

图 8-5 虚拟设计

3. 降低成本

在教育条件欠缺的地区，VR 还可弥补教学设备匮乏的短板。另外，我们每天都会看见各地的高价学区房，动辄一平方米几十万元十分常见。其实学区房的高价除了地段的影响，很大一部分是因为优秀的教师资源。所以说，为了让孩子能有个良好的教育，家长们也算是不惜重金。但在 VR 的教育时代，普通家庭只要拥有 VR 设备，也能在海量的优质资源里随意挑选，不再受制于地区和学校。

现在的职业教育，为了适应经济社会发展和个人就业需求，更注重学员能力的培养和训练。临就业前培训的需求，对个人的实践能力与操作性要求则更高。如果职业培训过程用上 VR 设备来进行教学，就可以解决不少的实践操作的各种

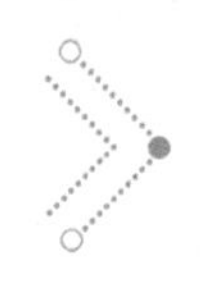

经费问题。如学习汽车装配，学员们不出教室就可以完成学习与实操能力训练，教师可利用 VR 技术来模拟如何拆卸汽车零部件、发动机的拆装调试，甚至可以呈现现实汽车内部构造中人们难以看到的部位，哪个步骤学员稍有不解还可返回重新模拟拆装讲解，学员在模拟操作演练时，就好似真实地触碰到每个零件，逼真效果可以让学员沉浸其中，感觉奇妙无比。

4. 降低风险

对于一些有风险性的操作，如生化与医学实验。因为这些实验的要求相对苛刻，不少是必须要求在无菌室中进行，有的还受到某些限制无法完整地呈现，而用 VR 技术来深入实验探索即可解决一些技术壁垒问题。绝大多数的化学实验都存在着危险，如中毒、辐射、腐蚀、爆炸、视觉听觉嗅觉伤害、各种神经伤害，用上 VR 不仅可以规避现实中实操的难度与危险，还可以使实验的成本大大降低。同时，虚拟的教学与实验、VR 全景教学模式更能帮助学员在“沉浸式”的教学中提高学习兴趣与效率。

5. 目前的发展状况

高盛曾作出预测，截至 2025 年，VR 教育产值有望达到 7 亿美元，并将覆盖 K-12 和教学软件领域，VR 和教育的结合被认为在未来有着巨大的市场。当下，国内的乐视与新东方达成了合作意向，以“沉浸式教学”切入教育领域。但是，国内 VR 公司虽然多，但切入的领域依然是游戏和影视，相较于国外，布局教育的公司基数小。究其原因，还是由于 VR 软硬件技术尚未成熟，用户体验不好，使得 VR 教育难以一时间大规模地应用与普及。

就现阶段而言，VR 教育的机会与挑战并存。由于 VR 教育还处于行业起步期，无论是设备技术的成熟程度、消费级产品的受市场认可程度，还是注入内容的丰富程度，都与大规模的推广有一定距离。

8.5.2 随之而来的 AR 教育

除了 VR 教育还有 AR 教育。因为是以游戏的方式来进行，根据 AR 教育的表现方式，目前在国内基本是在手机平台上出现，更多地被称为 AR 游戏，在前面 AR 游戏这一部分已介绍过了。而在国外，AR 教育还有更丰富多彩的表现形式，如增强现实沙盘。

想象一下这种场景：一名学生在一个 4 英尺（约 1.22 米）× 3 英尺（约 0.91

米）的盒子里使用一把耙子刮沙子，形成了丘陵和山谷。在它的上方，一个微软 Kinect 摄像头会自动测量与沙子的距离，并在沙盘上投射出等高线和色彩——冷色为洼地，暖色为山峰，如图 8-6 所示。

随着这名学生不断地把沙子推向山峰的周围，颜色开始发生了变化，形成了绿色与橙色的岛屿，以及蓝色的海洋。当学生把手掌放在山顶上时，虚拟的雨水便会倾盆而下。它们最终穿过山峰，流入了海洋当中。借助这款增强现实沙盘，许多庞大、缓慢、复杂的地理学过程能够变得更加明显和有形。

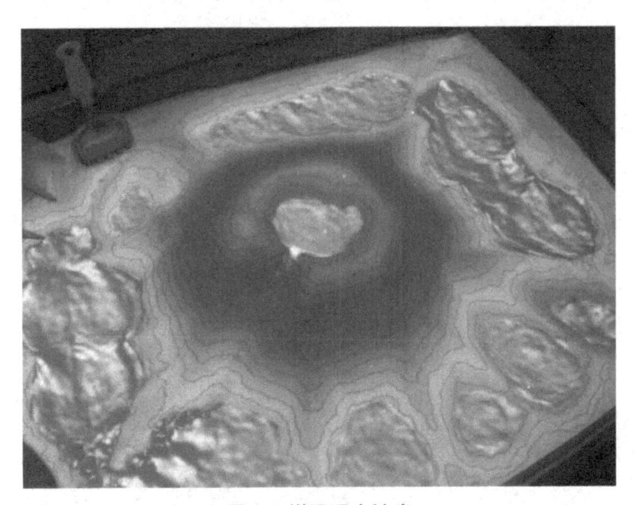

图 8-6 增强现实沙盘

这名学生使用的是一款由 LakeViz3D 项目专门设计的增强现实沙盘，该项目旨在培育淡水生态系统管理的公众意识。与让用户沉浸在数字生成环境的虚拟现实不同，增强现实把视觉、声音和其他数字效果叠加到真实世界场景当中，让用户能够进行操作。

结果便是这个用于地理科学教育和科学交流的互动工具。如何将发生在大的空间和时间尺度上的进程虚拟化是地理教学的难题之一。不过借助这款名为“塑造我们世界的增强现实沙盘”（Shaping Our Worlds AR Sandbox，以下简称“增强现实沙盘”）的系统，许多庞大、缓慢、复杂的地理学过程能够变得更加明显和有形。

增强现实沙盘结合了探索性学习的力量，让用户使用地理学相关的数字成

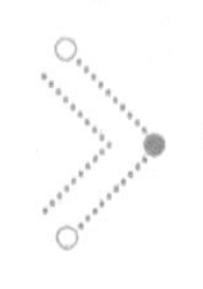

像来塑造沙堆，并借助自主创造地形模型获得动觉体验。增强现实沙盘使用了一台计算机投放仪，以及一台安装在沙盘上方的动感追踪设备（如微软的 Kinect 摄像头）。当用户在沙盘中绘制沙子的图形时，摄像头会测量与下方沙子的距离。一个 3D 模型的沙面被用于投射等高线和颜色编码的高度图，在沙子表面代表相应的地形。随着用户移动沙子，摄像头会察觉到变化，投射的色彩和等高线也会发生相应的变化。当摄像头察觉到沙盘表面特定高度的物体（如手），虚拟的雨水便会出现在物体下方，沙子上的蓝色纹理也将会发生动态的变化。根据运动规律和沙子的形状，虚拟的雨水落到沙子上，再慢慢渗透进土壤。用户也可以选择按下计算机上的某个按钮，虚拟的雨水会迅速排出。

8.5.3 VR/AR 军事训练早已先行

军事训练其实也是一种教育。

VR 军事训练的起源非常早。在前面介绍虚拟现实和增强现实的历史时就介绍过，20 世纪 30 年代的环状训练舱就属于 VR 军事训练。

VR 军事训练也是以游戏化的方式进行的，由于军事题材的独特魅力，甚至可以当作 VR 游戏来玩，如图 8-7 所示。

图 8-7 VR 军事训练

VR 军事训练跟 VR 教育一样，能够突破时间与地域的限制，并可降低成本与风险。利用 VR 技术营造的仿真模拟场景，提供如战车、战舰、战机等模拟载具，能够很好地提升军事训练的效果，让士兵感受到像是在身临其境地战斗，但是却没有真实战斗中甚至会上升到死亡威胁的危险。这种军事训练方式已被证明比传统的方式成本更低，但是训练的效率和效果要高得多。

有了 VR 军事训练，同样随之而来有了 AR 军事训练。例如，上面所介绍的增强现实沙盘，就在军事训练方面有着重要的作用。

AR 眼镜会在军事训练方面发挥很大的作用。AR 眼镜能在穿戴者的视野中叠加符号、图像和文本，也就是说可以为军人看到的现实场景提供各种提示，并且可以交互。

随着 MR 眼镜的发展，比 AR 教育、AR 军事训练更进一步的 MR 教育、MR 军事训练也会出现，不少先行者已在探索。例如，以色列方面就买来了微软的 MR 眼镜 HoloLens 研究，尝试进行多方面的应用；乌克兰方面同样也开始探索 HoloLens 在军事领域的新应用。

8.6 VR/AR 医疗早已在路上

根据中国红十字会统计，全国每年非正常死亡人数超 800 万，其中因医疗事故致死的约有 40 万人（包括因药物致死），是交通事故致死人数的 4 倍，造成其他伤害的则更多。而这其中，疲劳失神、病情误判、操作失误等人为原因造成的案例占到绝大部分，所有原因中疲劳失神、操作失误分别排在第一、第二位。在这里，我们来感受医生平均下来的工作强度，69.2% 的医生每周工作时间超过 50 小时，59.7% 的医生每半日需要看超过 30 例患者。在此情况下，想要保证工作 8 小时内精神每分每秒都高度集中几乎是不可能的。

以前有人幻想，这时候如果我们拥有集成了谷歌、爱普生、Realmax 或 meta 等智能眼镜的智能化医疗信息方案，这些失误或遗漏都将从根本上得到改善。试想一下，医务人员在工作中都利用智能眼镜联网跟踪患者信息，早上交接智能眼镜会一一引导你完成所有患者信息更新核实，防止贻误重要病情变化或医嘱要求；与其他设备连接，在患者危急情况下（如心跳骤停）可直接出现红色

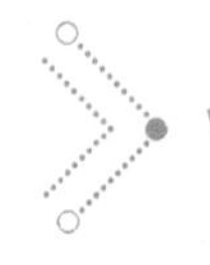

报警。这些必将大大减少因为工作人员失误等造成的医疗事故。不妨想象一下，未来智能眼镜集合更多功能以后，患者的彩超、MRI、CT 图像等将直接出现映在手术部位，让医生获得“透视功能”；或是直接放大手术创口，让医生能够看到肉眼难以分辨的细微情况等。

先来看几个案例吧，2015 年 12 月，来自明尼苏达州 Nicklaus 儿童医院的医生们利用谷歌 Cardboard 进行了一例体外循环心脏手术，挽救了一个四个月大的小生命；2016 年 1 月 20 日，Realmax 在上海展示了剖妇产手术和臂骨骨折手术示意案例。如今，随着 VR/AR 技术的发展，那些在医疗行业的幻想或许正在实现。

8.6.1 VR 医疗已起步

1. 医疗教学培训

早在 1993 年的统计里，全球市场上出现的 805 个虚拟现实应用系统中就有 49 个应用于医学，主要应用在虚拟人体、医学图像学、药物分子研究等方面。大家都知道，在传统的医学教育中，如人体标本解剖和各种手术实训，受标本、场地等限制，实训费用高昂；同时，医学生不能通过反复在病人身上进行操作来提高临床实践能力、临床实践具有较大风险等。而虚拟现实的直观和体验特性却可以很好地解决以上问题。目前在医学教育上应用较多的有虚拟人体解剖学、手术训练教学、虚拟实验室、虚拟医院。类别也从内容、软件到硬件，甚至还有从事交叉研发的，例如，Oculus 涉足了内容、硬件和软件等方面；微软 HoloLens 则是软硬件结合等。

传统解剖学挂图和大部分多媒体课件上应用的教学图片都是二维模式，缺少直观的、立体的体验，造成了解剖学习的困难。模型、标本虽具有立体结构，但形式单一、僵硬，不能满足多角度、多层次的教学和实训需求。而虚拟人体解剖学，可在显示人体组织器官解剖结构的同时，显示其断面解剖结构，并可以任意旋转，提供器官或结构在人体空间中的准确定位、三维测量数据和立体图像。此前，美国加州健康科学西部大学（波莫纳）开设了一个虚拟现实学习中心（如图 8-8 所示），该中心拥有四种 VR 技术、zSpace 显示屏、Anatomage 虚拟解剖台、Oculus Rift 和 iPad 上的斯坦福大学解剖模型，旨在帮助学生利用 VR 学习牙科、骨科、兽医、物理治疗和护理等知识。

图 8-8 美国加州健康科学西部大学开设的虚拟现实学习中心

我国台湾地区的柯惠医疗临床培训中心也在利用计算机和专业软件构造，提供 VR 医疗培训。该中心不仅为医生提供了更逼真的实验环境，还减少了传统培训对动物的伤害。创始人李显达在接受《第一财经日报》采访时提到："从 2014 年 10 月到现在，已经有 400 位急救和麻醉相关的专业医疗人员在这里进行了培训，这样更逼近现实的培训效果比以往更强。"研究机构 RnR Market Research 在 2015 年 12 月发布了一份虚拟现实医疗服务市场研究报告，报告指出：2014~2019 年间，全球 VR 医疗服务市场的复合增长率将达到 19.37%。

Mario Viceconti 是谢菲尔德大学的教授兼 Insigneo 研究所的硅胶医疗主管，他们正投入一个欧洲项目，开发"虚拟生理人体"（VPH）。超过 2 亿欧元已经投入创造真实可靠的人体模型，这为外科医生和临床医生投入一些最具挑战性的医学领域提供了准确的预测。

Viceconti 的同事们正在开发的模型可以为外科医生提供决策的实时反馈，挑战很艰巨。我们需要把非常准确的模型和夸大的现实合并，所以外科医生会问"如果我这样做，会发生什么？"这是目前无法做到的，但 Viceconti 想象外科医生可以使用虚拟模型作为手术期所有决策的参考点。例如换膝手术，在手术中，外科医生需要决定从哪进入身体，切割韧带和组织，也要考虑把假肢器官放在哪。所有这些都会对病人未来的工作能力和功能产生真正的影响。虚拟人体模型可以根据病人的实际生理提供建议。"这能改变生活。"Viceconti 说。

2. 虚拟实验室

在这种实验室里，学生有着充分的实验自主权，能仿真实现各种实际的甚

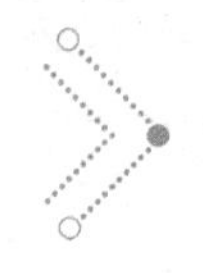

至不可视、不可摸、不可入、危险性高的实验以及想象的实验场景。许多医学教育中的实验和临床相关实验都可以在虚拟实验室中进行。

目前国际上有代表性的医学虚拟实验室有：霍华德·休斯医学研究所（The Howard Hughes Medical Institute,HHMI）开发的心脏病实验室、神经生理学实验室等。在加拿大麦吉尔大学的蒙特利尔神经中心，正在使用被认为是世界上最先进的神经外科学工具之一的 Neuro Touch Cranio。利用这套工具，神外科医生可以在没有患者的情况下模拟复杂的手术过程。这项技术使医生能获得和真实外科手术中握着手术工具一样的感受。这个设备还包括一个屏幕，在屏幕上显示脑组织肿瘤的鲜明模拟，同时也模拟了对肿瘤和其周围组织进行外科学手术的工具和手术的效果。这种模拟器目前正在进行训练研究，几年后它才能真正用于神经外科学的职业训练。

此外，还有虚拟医院的出现。通过使医学专家信息数字化，降低访问医学信息的门槛，方便可访问治疗点的医疗人员和其他人员（如患者）的访问。虚拟医院分为患者网页、医护人员网页、管理人员网页等，可供人们进行虚拟练习使用，而我们国内也有了相关的创业项目。

3. 用于减轻痛苦，解决心理健康问题

在医疗保健过程中，如何减轻手术痛苦，如何解决人们的心理健康问题，这些都是大家所关注的问题。而 VR/AR 给了医疗行业一个新未来，它正在悄无声息地改变着医疗保健行业。

接受重度烧伤治疗是一段痛苦的经历。伤口清理和绷带变化都会引发疼痛，即便使用吗啡等麻醉药物，仍有 86% 的病人会感到或多或少的疼痛，并且大量使用麻醉药物还会对身体造成一定伤害。1996 年，华盛顿大学人机界面技术实验室（HITLab）的研究人员发现孩子们在玩游戏时会越来越全神贯注后，想出了为治疗烧伤提供 VR 游戏，假设沉浸在游戏中会为病人带来积极疗效，病人会更专注于游戏，而减轻对疼痛的注意力。

美国罗耀拉大学医院正利用一个名为“SnowWorld”的 VR 游戏缓解烧伤病人的伤痛。这个虚拟的冰雪世界有冰冷的河流和瀑布，还有雪人和企鹅。病人可以飞跃冰雪覆盖的峡谷或者投掷雪球，此时他们的注意力完全集中于冰雪世界，无暇顾及伤痛。25 岁的三度烧伤病人 Austin Mackay 尝试了这个理疗项目，他说：“这比普通的理疗要有趣得多。在虚拟现实的世界中，我完全被吸引住了。

我几乎感觉不到治疗过程中身体移动所带来的疼痛，甚至不知道自己是不是真的在理疗。我完全陶醉在游戏中了。”

戴上 VR 头盔，患者就会进入到游戏中，所有测试显示，病人的疼痛级别会减轻，医学手段对他们的疗效也会更好。据调查，社会行为医学在 2011 年发布的调查结果展示了浸入式游戏作为止痛剂的强大作用。并且现在这项技术已经被美国军方使用，帮助受伤的士兵接受治疗。

心理疾病目前呈现向低龄化蔓延的趋势。现在，虚拟现实可能会成为这个问题的解决方案之一。《连线》杂志此前报道，斯坦福研究人员正试验利用谷歌眼镜帮助自闭症儿童分辨和识别不同情绪，以此让他们掌握互动技能。英国纽卡斯特大学（Newcastle University）也在 PLOS ONE 上发布研究，称他们正在利用“蓝屋”（Blue Room）系统将 VR 用于治疗心理恐惧，帮助患者重返正常生活。这一实验的对象是 9 个 7 到 13 岁的男孩，他们被放置在 360° 无死角的全息影像世界“蓝屋”中，周围播放着此前对孩子造成心理创伤的画面。心理学家在“蓝屋”内陪伴他们，引导他们逐步适应环境，最终帮助他们克服恐惧。实验结果表明，9 个孩子中有 8 个能够良好地处理恐惧情境，其中 4 个孩子已经完全摆脱了心理恐惧。

4. 不足之处

医疗行业，超高精度、准确是第一要义，而目前同样受技术的限制，观看清晰度不够，细节丢失严重。在 2016 年由钛媒体和纽约时报中文网联袂推出的 T-EDGE VR 国际峰会上，阿尔法公社创始合伙人许四清就提出了质疑：“VR 领域用在医疗里面不是不行，就是太早了。因为就拿医疗手术的录像直播教学来说，先高清，你要先看清楚护士和医生手上拿了什么、站在哪里再说，其他根本不重要。”

8.6.2 AR 医疗更具实效

医疗应用方面，相比多用作练习、模拟的 VR，AR 在实操方面的应用更为广泛。

据 AR in China 近期的统计，如今国内从事 AR 应用开发的企业有 200 多家，其中 80% 倾向和已开发游戏类应用，剩余的也多偏向影视、购物等生活类应用。而专注在医健领域的应用，根据公开信息推测目前不超过 10 家。而在海外，据 CBInsights、CrunchBase、AngelList 网站的综合数据查询，目前有 30 家左右初创公司正专注在 AR 医疗应用领域。其中 9 家初创公司获得融资，总融资额达 5.52

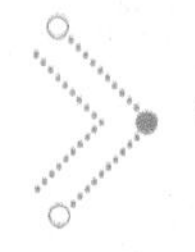

亿美元，获投率达到了30%。AR在医健领域的应用还处于蓝海探索期。

而目前比较成熟的AR医疗应用是关于血管照明，通过PC应用软件帮助医务人员在手术中能够查看隐藏的血管。此前，心脏病专家借助谷歌眼镜疏通了一位49岁男患者阻塞的右冠状动脉。冠状动脉成像（CTA）和三维数据呈现在智能眼镜的显示器上，根据这些实时放大图像，医生可以方便地将血液导流到动脉。不同于传统手术，AR的介入就像一个“AR放大镜”，直接放大手术创口，患者的彩超、MRI、CT图像等将直接映在手术部位，让医生能够看到肉眼难以分辨的细微情况，获得“透视”功能，大大提高手术操作的效率和舒适度。

除了AR医疗应用，还有就是医疗设备营销可视化。Hologic是一家致力于开发女性健康方面的影像系统和诊断检测产品的公司，它们开发的一款应用Hologic Augmented Reality App，主要是让目标用户在购买设备之前就能有一个直观的视觉体验，并且还能实时互动。此外，Hologic的销售人员能随时随地带着这款3D增强现实设备临床应用向用户展现医疗设备是如何融入现有设置的。其实在这一方面，已经是VR/AR电商的概念了。

8.7 VR社交真能火起来吗

虚拟现实领域有一个大事件，就是著名的社交网站Facebook 出价20亿美元收购了新晋的VR创业公司Oculus。Facebook 收购 Oculus主要目的显然不是为了游戏，Facebook的创始人兼首席执行官就说他是为了获得一个全新的内容平台，他坚信VR眼镜将成为继智能手机和平板电脑等移动设备之后属于明天的平台。

看起来Facebook是要押注VR社交。也许，虚拟现实的杀手级应用或许更有可能是那些能加强日常社交体验的东西，那些与心爱之人对话、商务会议、虚拟大学课堂的东西，这些东西远比通过发信息、谈话或Skype视频建立的联系要丰富。

8.7.1 Facebook押注VR社交能行吗

1.VR社交的美好愿景

Jeremy Bailenson（斯坦福大学虚拟人类交互实验室的创始人、美国政府虚拟现实政策问题及Facebook CEO Zuckerberg的顾问）在百度The BIG Talk上的演讲称，Zuckerberg 曾在 Oculus 收购案之前拜访过他在斯坦福大学的实验室。

Jeremy Bailenson 教授并非是一个专注于光学成像或计算机虚拟现实领域的专家，他是一位社会学家，他的虚拟互动实验室更多的是利用现成的虚拟现实技术来完成对人的心理、群体和社会之间的影响。他和 Zuckerberg 讨论的并不是虚拟现实能够达到什么，而是如何更好地帮助 Facebook 完成它的使命——一个现实人际关系在虚拟世界的延伸。

显然 Facebook 认为他们定义的虚拟世界的疆域不应当被局限在互联的手机或计算机上。这就意味着 Facebook 和 Oculus 被赋予了比制作一款逼真的虚拟现实设备更加不可能完成的使命——让虚拟取代现实的社交互动，让现实的人际关系在虚拟中延续。Zuckerberg 也在他的宣布文件中这样解释到：“Oculus Rift 真的是一个新型的交流平台。通过感受真正的存在感，你将与生活中的朋友分享无限的空间和体验。想象你不仅是和朋友们在线分享美好的时刻，而是所有的经历和冒险。”也就是说，虚拟现实是一种社交空间，或是某天将成为社交空间。

Jeremy Bailenson 及其合作作者在 2011 年所发表的论文中预测，这种“社交虚拟现实”即将到来。他们写道：“当社交网络包围了沉浸式虚拟现实技术后，目前的社交网络和其他在线网站将只是届时我们见到的事物的前身。那时人们会像现在使用脸谱网这样花费大量时间与他人互动，但互动对象是经过充分跟踪和渲染的虚拟化身，全新的社交互动形式将会出现。”

虚拟现实最基本的功能是使处在不同地方的两人通过非常逼真的化身进行沟通，好似面对面交流一样。他们可以进行眼神接触，也可以操纵彼此都能看到的虚拟物体。虚拟现实用户不必担心穿着睡衣出现在商务会议上（毫无疑问的是他们虚拟化身的穿着打扮将无可挑剔），而且他们也不用像视频会议的用户那样，要解决图像卡顿或突然有电话打进来的问题，因为虚拟现实设备只需发送如何移动化身的指令，而不用传送整个图像。

生动体验前所未见，VR 为互联网社交带来质变的可能。VR 相较于计算机和手机等终端，提供了其他设备难以比拟的身临其境的“在场感”，这种用户的 “在场感”会使得用户“忘记”设备本身，本能得使用现实中他（她）习惯了的交互方式，闪躲、触摸、抓握、四处张望……所以几家 VR 头显厂商都配合设备本身试着提供更自然的交互手段，包括头部位置和转向追踪、手部基于体感的控制器、甚至还有识别面部表情的感应器等。通过这种“在场感”和新的

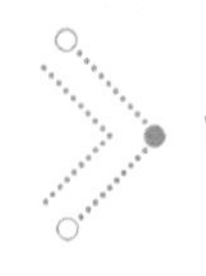

交互手段，用户具备了“肉身”相见和丰富情感表达的能力，这将为我们带来前所未有的全新体验。人与人的交互将变得更丰富立体，如果说互联网本身让社交变得更有效率，那么 VR 则具备了让互联网社交更生动、并且带来质变的可能性。

我们已经可以在一些 VR 应用中看到这方面的尝试，如 AltspaceVR。这是一个基于 VR 的虚拟社区和社交共享平台。用户可以在虚拟社区中参与不同的活动，和其他用户互动，如开派对、玩 D&D 游戏、欣赏视频等。当用户真正走入虚拟场景，利用自然交互技术将动作投射到 VR 世界中，就可能构建一个类似线下的社交环境，全面提升虚拟社交的质量。

2016 年 4 月 20 日，Steam 就推出了一款免费游戏——《VR 真实社交》。在这款游戏中，用户可以为自己设定一个形象，并通过这个形象来结识朋友，从而与朋友一起交流、互动。Oculus 公司发行的 Oculus Social 是一款新型社交应用，专为 Samsung Gear VR 头显用户设计，在这个平台上，用户能够在网络空间和自己的朋友一起打游戏、一起看视频。

让我们回到现实生活中来看一看，什么样的事情是大家喜欢在一个社交环境下做的，例如看比赛、打牌、唱 K、玩桌游这些娱乐活动，都是有了社交的成分后变得更有趣的。想象一下，在进行这些活动时，如果去掉社交元素，你一个人独自进行，少了周围朋友们的嬉笑欢闹、交流分享，是不是顿时少了很多乐趣？即使在计算机或手机上，如“爱掼蛋”“天天斗地主”等，通过互联网你虽然也可以和其他人一起参与，但你能感触到的永远只是一行行冰冷的聊天文字或耳机里的语音，这也远不如和别人一起在现场的那种亲近感。对于这类活动，我们相信，在 VR 里才可能真正还原出人与人交互的那种乐趣。因此，在 VR 里重现现实生活中会因为社交元素而更有趣的活动是一个值得考虑的方向。同时，因为 VR 里构建的是虚拟世界，我们在视觉表现上可以给这些现实生活中的社交活动带来更精彩震撼的体验，例如玩桌游，所有的物件终于都可以动起来了。当然，这样的震撼体验，除了通过 VR，现在更多的是通过 AR 来实现的。

相比传统的互联网化的社交娱乐活动，在 VR 里，我们可以重现社交的价值，同时比起现实世界，我们也可以创造更奇幻、更不可思议的体验。

2.VR 社交面临的问题

虽然不少公司就 VR 社交都进行了如火如荼地尝试，但我们在体验 VR 社交的同时，也应该意识到它其实并不像我们想象得那么完美——如果真的想要达到当前传统社交应用的规模，还有不少问题需要克服。

①社交场景十分受限。

之所以有这么多人看好 VR 社交，究其根本还是因为 VR 可以给用户创造一个极度拟真的场景，让用户足不出户就能获得跟出去玩一样的体验。也正因如此，当前绝大部分的 VR 社交应用都是基于 VR 技术对现实世界的场景进行还原。例如 Social Cinema 就还原了电影院的场景，《VR 真实社交》也运用虚拟现实技术还原了游艇、KTV 等场景。在这些被还原的场景中，我们只能完成如看电影、唱歌、播放幻灯片等可以通过屏幕展示的活动。如果你想跟朋友比赛捏汽泡纸的速度、跟朋友一起弹钢琴……想在虚拟现实世界实现这些基本等同于白日做梦。因为目前大部分厂商还在致力于开发 VR 显示设备，较少有厂家会致力于开发动作输入设备。所以目前在进行虚拟现实体验时我们主要还是依靠手柄来完成相应操作。但手柄只能完成确认、取消、移动等简单操作，类似捏汽泡纸、弹钢琴等复杂动作通过操作手柄根本无法完成。外加手势识别的技术尚未得到普及与重视，无法帮助我们“解放双手”，这就导致 VR 社交能够还原的场景大大减少。如果 VR 社交仅仅是到 VR 世界里与朋友一起看场电影，那估计很多人宁愿宅在家里看 B 站（Bilibili，弹幕视频分享网站）。

②除了场景受限，VR 社交的体验过程也并不像我们想象得那么逼真。

人脸部的表情是传情达意的一个重要组成部分，同理，表情在虚拟角色上的映射也必会是传达情感的关键，但很不幸的是，因为用户戴着几乎完全遮住上半边脸的头显，所以目前我们只有少量的实时信息可以用来在虚拟世界中还原出用户的脸部表情。例如我们首先可以做的是用 Lip Sync 技术来通过声音计算出虚拟角色的口型，让用户之间的对话和嘴部运动匹配起来。对于眼部的表达会有比较大的挑战，虽然已经有头显内眼球追踪的技术，但是主流的几个头显都还没有集成，好在我们可以通过头部的运动以及场景内的事件焦点（如某人在说话或者某个关键事件的发生），来推测用户当时的兴趣焦点，最终来生成生动且可信的眼部动画。

手部的动作也是表达情感重要的一环，我们可以通过手势识别技术来获得手部的位置信息，如果需要更细致的表达，那么也有硬件厂商提供各类不同技术的手部追踪，有基于惯性传感器的、有基于磁场的、也有基于光学的。

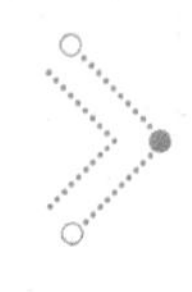

对于肢体动作（肢体语言），可以通过双手的控制器以及头部运动信息，再加上 IK （Inverse Kinematic） 来做上半身姿态和动作的模拟。下半身的动作可以通过移动的信息来模拟，或者也可以使用 Kinect 这样的设备来获取，但是下半身的动作一方面对于情感表达并不是很重要，另一方面对于 VR 里的移动也需要谨慎设计，所以暂时不需要过多关注。

整体的社交过程并不拟真。以 Social Cinema 为例。虽然在使用 Social Cinema 观看电影的过程中，用户可以与“周围”的人聊天，但这种体验感与真正的在电影院中看电影是完全不同的。因为在使用 Social Cinema 之前，用户需要在虚拟现实世界给自己设定形象，所以当你转过脸时，你看到的并不是一个真正的人脸，而是由计算机三维合成的。头戴设备无法准确追踪人眼的注视点，例如，软件会假定你一直注视着谈话对象；而且这些技术还无法读取详细的面部表情，很大程度上是因为头戴设备遮住了一半面部，但解决这个问题的方法正在开发之中。而当你转头或点头时，设备确实能够了解这些动作。不仅如此，因为用户在 Social Cinema 中设定的形象是从软件预设形象中挑选的，所以你很有可能会在看电影的过程中发现自己左右两边坐着两个一模一样的“人”，或者发现自己旁边坐了一只泰迪熊或小白兔……因此，许多人正努力实现社交虚拟。基于屏幕的仿真世界《第二人生》现在有一百多万活跃用户，其制作公司是位于旧金山的林登实验室，目前准备推出一个新的平台——《珊莎计划》（Project Sansar）。用户可利用该平台的工具创造虚拟体验，该平台与虚拟现实头戴设备、标准的计算机显示器和移动设备都可兼容。《珊莎计划》的运作方式与《第二人生》非常相似，用户租用空间进行虚拟创造，这些创造成果将在高帧速率下以 3D 形式渲染呈现。法国公司 Beloola 正在针对社交网络打造一个类似的虚拟世界。

③ VR 硬件尚无统一标准，不同设备的体验感不同。

虽然目前 VR 硬件发展迅猛，各式各样的新硬件层出不穷，但由于这是一个全新的领域，所以目前在 VR 硬件方面尚未形成统一标准。这就导致同样的应用在不同 VR 头显上观看的效果会有差异。而这种差异会造成用户在进行社交活动的过程中产生不同的受众体验。这样的情况会导致互动的双方在进行社交的全过程中都无法更好地站在对方的角度为对方考虑。例如，一个使用 HTC Vive 的用户和一个使用暴风魔镜的用户在 VR 社交中进行互动。大家都知道，HTC Vive

是内置显示屏的，而暴风魔镜则是通过手机进行播放。而手机原本就不是为了VR而生的设备，所以从播放效果上来看，HTC Vive的效果一定会比暴风魔镜要好上许多。这个时候，使用HTC Vive的用户突然想浪漫一下，邀请使用暴风魔镜的用户一起去看星星。可能HTC Vive的用户觉得VR世界里的星空群星闪耀，但暴风魔镜的用户也许只能看到一团漆黑——要知道，在视频解码方面，手机比不上HTC Vive这款专业VR设备内置的显示器。

想要社交，除了能够进行互动之外，还需要能够进行交流。在传统的社交媒体上，我们通常会通过打字来向对方传递我们所想表达的事情。但在VR社交中，想打字就有些困难了。戴上VR头显后，用户的视野内能看到的就只有VR头显的屏幕，这个时候如果想要通过键盘打字来传达信息，那就要求用户要有很强的盲打能力。撇开这点不谈，即便大部分用户都可以做到盲打，但在VR社交过程中打字会严重破坏VR社交体验的沉浸感。与其戴着VR头显打字聊天，还不如直接捧着手机聊天方便。既然打字行不通，那就只能通过语音进行交流了。虽然QQ电话、微信语音聊天我们经常使用，但正常情况下我们只跟熟悉的人进行语音互动。在VR社交，本质上还是属于网路互动社交的范畴，其一大特点便是互动双方在互动中隐匿了自身的身份属性，这起到了一定的保护作用。在社交互动的过程中，你可能不知道对方究竟是谁，就要开口跟对方交谈，这样的对话体验就显得非常奇怪：首先，在VR社交的过程中，你所“置身”的是一个与现实世界有所区别的陌生环境，在陌生的环境中，人会从潜意识里提高自己的警惕性。在一个警惕的状态下，与一个陌生的声音聊天，人就会变得比较紧张，所以交流过程可能会比较无聊、甚至尴尬；其次，如果直接在VR世界中让陌生人听到自己真实的声音，如果对方恰巧是个心怀不轨的人，你的声音就可能被他拿去利用，做一些违法的事情。同样地，一个人的声音也可能会导致他身份的暴露，继而可能导致当事人的隐私受到侵犯。但如果我们在VR社交中运用魔音技术改变我们的声音，又会使整个对话过程显得特别假——就像你拿着手机在和“会说话的汤姆猫”聊天一样。所以如果想在VR社交中直接使用语音进行交流，就需要考虑一下具体该怎么操作——保留原声可以为用户提供真实的社交体验，但可能导致用户隐私的泄露；改变声音可以保护用户隐私，但又会降低社交过程的真实感。如何权衡是一个非常棘手的问题。

④就算上述问题都可以解决，在 VR 社交的交流过程中，仍旧存在不少问题。

日常生活中，当我们与他人进行交谈时，除了通过对方的语言，还可以通过对方的面部表情和肢体动作捕获相应信息。但在 VR 社交中，除了对方的语言，我们无法看到对方的肢体动作和面部表情（除非有前文提到过的各种输入设备将你的表情、动作实时的叠加进对方所看到的图像中），这就可能造成对语言的误解。例如有个人在 VR 社交过程中对你说了声“呵呵”，如果不配合他的表情和肢体动作来看，你很难分辨他究竟是想笑，还是想骂你。除此之外，还有一个问题我们需要注意：当我们在 B 站看视频、刷弹幕的时候，我们可以同时看到来自不同人发送的弹幕。因为文字是以图形的形态展现在我们眼前的，而人脑是允许图形共存的，所以我们在刷弹幕的时候可以同时接收来自不同人的消息。但在 VR 社交过程中，我们无法打字，所以只能通过语音进行交流。想象一下：有一群人在你面前叽里呱啦地讲个不停，你能同时理解他们在表达什么吗？当然不行。

更重要的是道德层面上的问题。AltspaceVR，是一个跨平台的虚拟世界，在 Oculus Rift 上，用户们可以和其他用户一起探索虚拟世界并且能够像真实世界一样进行社交互动，甚至在虚拟商店里购物。 这是一个很酷、超前的想法。这也是 AltspaceVR 获得了 150 亿美元的风投的原因，其中就包括 Google 风投。同时这也是早期试验者都对这个平台的潜力赞不绝口的原因。但不幸的是，并不是所有人都觉得 AltspaceVR 虚拟世界是好玩的，尤其是对那些被侵犯空间的用户来说。

随着虚拟现实平台的关注度越来越高，多人游戏体验正在变得普遍起来。在 2016 年的 F8 会议上，Facebook 就宣布将会加速推动虚拟现实的社交项目，这会允许不同的用户在虚拟环境中进行互动。正如 Recode 所说的一样，通过虚拟现实社交，你可以和大学同学一起玩扑克，拜访身在其他地区的父母，或者感受你的弟兄姊妹对你的关心，而这一切都会在你的沙发上实现。但是允许不同用户在一个空间内互动或许存在风险，有些用户或许会侵犯其他用户的空间。

所以说，想要真正玩转社交，可能还有好长一段路要走，也有好多困难需要克服。

8.7.2 深度分析，对 VR 社交的前景进行预估

1. 从技术实现来预估

扎克伯格这样描述 VR 社交：想象一下，只要你愿意，你就能够在篝火面前坐下来，和朋友出去玩，或者在私人影院看电影；想象一下，只要你愿意，你可以在任何地方举行小组会议或者活动。所有的场景很快都将成为现实。这也是 Facebook 在虚拟现实的早期投入精力的原因，我们希望能够很快地提供这些类型的社交体验。这样的场景描述，也就是类似于全球首个虚拟现实社交平台 vTime，或者说是 vTime 的进化。Starship 公司开发的 VR 社交产品 vTime 如图 8-9 所示。

图 8-9 Starship 公司的 VR 社交产品 vTime

想象一下，是很美好，但是现实……像在科幻大片《黑客帝国》中，我们可以轻易进入一个非常仿真的虚拟世界，感觉跟在现实世界并无二致。但是，脑后插管只是科幻，以我们目前的科学技术，还远远未做到这种地步。头戴显示器的显示效果还远远低于预期，动作交互也不是那么容易。

跟朋友一起在私人影院里看电影？如果是在科幻小说里，是可以这样写，但在实际技术的实现上，可能还会存在一些问题。用 VR 眼镜看 3D 电影是有些不一样的新奇效果，不过体验算不上太好，怎么才能舒适、怎样才能达到真实影院的效果，还要不断努力。

场景拟真，在虚拟世界自由活动，科幻要想成为现实，还有漫漫长路需要走。

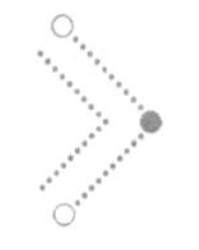

2. 从用户习惯来预估

想象一下，跟朋友一起在私人影院里看电影？假如不必考虑技术实现的问题，那么预期会如何呢？首先，这一部电影需要是大家都未看过的，一般来说是新出的电影；而且，大家都同时有空。那么问题来了，既然大家都有空，为什么不一起出去，到真实影院看一场电影呢？在 VR 中以虚拟形象交流，会比真人当面交流更好？或者，是情侣在异地恋，会有这样的需求？应用的条件太受限制，很难为大众接受的。

在 VR 中，可以使用比 QQ 秀更好的立体虚拟形象，也可以随意改变所在的虚拟场景，甚至装扮成外星人到外太空去谈恋爱。但要想达到好的效果直至让用户沉迷其中，胜于在现实世界的交流，可不容易。

特别是，现在的潮流，流行真人秀。要说非 VR 的虚拟社交，是在网络刚出现时流行过一阵子，那时候，刚接触互联网的网友，对网上什么东西都感觉新奇，进聊天室、逛 BBS，不太在乎交流的是什么具体内容，但新鲜劲儿过后，只有具有实质意义的内容才能留住用户。VR 社交会不会也是这样子呢？用户尝鲜之后，又能有怎样的实质内容留住用户？

而 VR 社交如果不是为了娱乐，仅作为工具，又怎么样呢？社交平台，最主要的内容就是信息交流。而信息更多的是文字，辅以图片、语音、视频。在这一方面，VR 社交有优势吗？在 VR 社交平台上，这一切反而变得更繁琐，妨碍了信息交流。

可以想一下现在的 Facebook 是怎样运作的。像 Facebook，或者是微博、微信、QQ，进行信息交流时很多都是非即时的，微信跟 QQ 的一大不同就是刻意隐藏了用户的在线状态推行非即时交流。想一想，VR 社交得双方同时在线才方便交流，体验打了一个折扣。

还有，Facebook、微博、微信和 QQ，都可以利用碎片化的时间来进行信息交流，等人时、坐车时，甚至在路上行走时，都可以玩一下。然而，VR 社交是无法随时进行的，用户只能在有充裕的时间的情况下，在家戴上 VR 眼镜才能玩。

看起来，VR 社交的体验真没扎克伯格描绘得那么美妙。

● VR 社交游戏方面

VR 社交其实也包括 VR 社交游戏，这一方面倒是挺有前途的。

想象一下，在 VR 的世界里，给一群用户提供一副扑克、一副麻将或是什么别的桌游，让用户可以一边玩一边聊天，体验相当不错。用户可以是来自异地、天涯海角的朋友。

VR 社交游戏属于 VR 游戏，在前面 VR 游戏介绍里也有说过。Facebook 本身也一直在发展社交游戏。问题在于，Facebook 的社交游戏是依附于 Facebook 这个社交平台发展的，VR 社交这个新平台，单靠纯粹的社交，要怎么支撑起来？

8.8 梦幻一般的 VR/AR/MR 概念电商

2016 年，阿里巴巴紧鼓密锣地筹备 VR 购物，从宣布 VR 战略，组建 VR 实验室，举办淘宝造物节，VR 购物体验 Buy ＋首秀，蚂蚁金服公布全球首个 VR 支付产品支付宝 VR Pay，到了一年一度的双 11 网购节，Buy+ 频道终于上线了，另外在手机 APP 点击“抢红包”还可以进入 AR 游戏寻找狂欢猫。

阿里巴巴的老对手京东也不甘落后，同样公布了自己的 VR/AR 战略。京东的 VR 购物应用“VR 购物星系”跟阿里巴巴的 Buy ＋相比，不遑多让。

VR 购物、AR/MR 购物，愿景看起来很美，实际体验又如何呢？

8.8.1 看起来很美的 VR 电商

在这个被誉为 VR 元年的 2016 年，双 11 网购节，天猫的 Buy+ 频道惊艳上线，百闻不如一见，大家终于能体验到了。

Buy+ 的 VR 模式需要 VR 头戴显示器支持，天猫特别准备了 15 万份 VR 眼镜，消费者只需花上 1 元便能领到。另外，Buy+ 还有全景模式，一般手机也能玩上。（本小节所用图片均截图自淘宝 APP）

激动人心的一刻来临了，我们终于能进入传闻已久的 Buy+ 了。

一开始，我们进入的是一个时尚温馨的屋子，很有家的感觉（如图 8-10 所示）。这是一般手机也能玩的全景模式。

图 8-10 一个时尚温馨的屋子（全景模式）

这是需要 VR 眼镜支持的 VR 模式（如图 8-11 所示）。

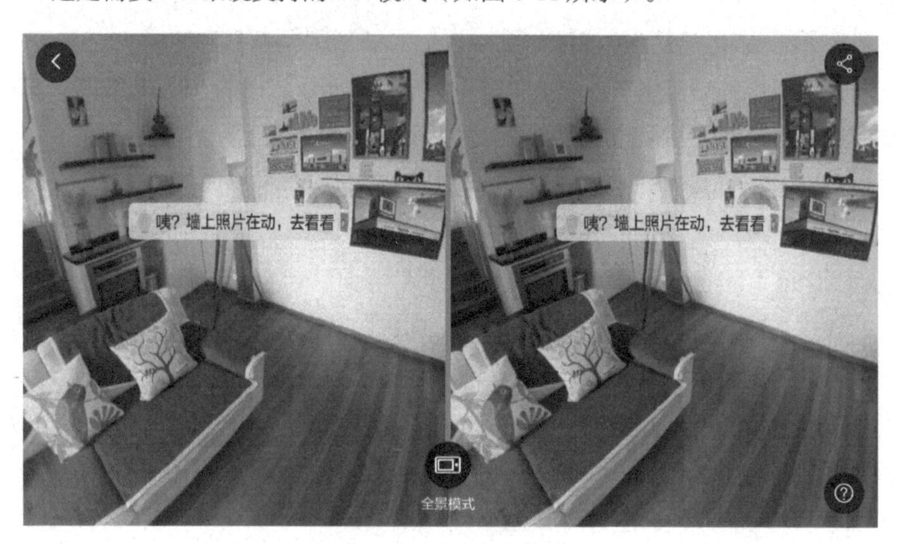

图 8-11 VR 模式

点击墙上的动态照片，就能进入另一个世界。感觉有点像任天堂 NDS 上的游戏《恶魔城：迷宫的画廊》。

一路来至目的地超市（如图 8-12 所示）。

图 8-12 日本电车

我们可以看到超市满满地陈列着很多商品（如图 8-13 所示）。不过，只有出现能交互的标签的商品才可购买。这也跟游戏制作一样，虽然场景里看着有很多东西，但是能点击的东西只有那些有交互标签的商品。

图 8-13 商店

点击标签，出现商品，可以 360° 旋转以多种角度查看（如图 8-14 所示）。

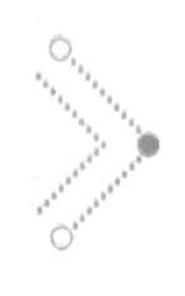

图 8-14 查看商品

VR 模式可以使用 VR Pay 完成购物支付，手机有陀螺仪就可以操作，如运用到眼球追踪技术将更便捷。这种模式的操作是简化了，不知道支付安全问题是否能有充分的保障。

Buy + 和 VR Pay 相信阿里巴巴会继续改进的。京东、亚马逊也在积极筹备类似的 VR 购物平台，技术会越来越成熟的。现在需要思考的是，这一种 VR 购物模式如何呢?

●缺点

跟普通网络购物相比：购物进程缓慢，可见商品数量稀少，只能进行简单的操作，在功能上比普通网购差远了。例如，消费者想对比多种同类商品，却无法办到。虽然在技术上还会再提升，但 VR 购物的根本模式很难改变，一些功能实现起来会始终很难。

跟到实体店购物相比：消费者还是不能切实地摸到商品的实物，不能真正地试用，虽然 VR 技术还有提升的余地，能够继续提供一些获取关于商品更多信息的功能，但是，如果你想买一部手机，你就无法要求 VR 世界里的手机能开机运行。体验的差距还是巨大的。

技术不能大规模实现：商品在 VR 商店上架需要经过技术处理，扫描建模，工作量会很大。不可能所有商品都这样去做。就算淘宝能提供便捷的工具给卖家，卖家每件商品上架都需要这样做的话，工作量会很大。

●优点

有利于体验宣传：体验美妙，毕竟打的旗号是“100% 还原真实购物场景”，有一种逛实体店的感觉，而且能突破时空的限制，随时进入全球各地的商店。这种强调沉浸感的 VR 购物方式，有点实体体验店的感觉，也像是广告宣传片，可以用于品牌宣传。

可以有独特的运营模式：实际运营模式也可以做成品牌旗舰店，就只卖一家公司的少数几种商品；或者做成主题店，例如做成某部动漫或某款游戏的主题店，就只卖该动漫或游戏的周边产品。

8.8.2 AR/MR 电商看起来也很美

除了 VR 购物，还有 AR/MR 购物。

阿里巴巴投资的 Magic Leap，在淘宝造物节上提供了 MR 购物的 Demo 视频。例如买台灯，消费者可以通过 MR 设备，选择台灯在自己桌子上的摆放位置，系统能自动筛选出合适尺寸的台灯展示在面前，消费者在选择一盏台灯后，可以进一步查看台灯摆放在桌子上的效果，基本上跟实物摆放效果一致。

京东计划联合第三方推出的 AR 家装产品也是类似，通过 AR 购物应用，用户可以在真实的环境下“看到”虚拟物品，利用 AR 技术来明确物品与空间的关系，提供更好的尺度测量。前面已经在 VR 房地产那一部分介绍过了，AR 家装能够像 VR 家装一样由用户自由添加各种家具、贴上各种壁纸。

而如果进一步运用 Magic Leap 或是微软的技术，从 AR 家装进化为 MR 家装，效果将会更上一层楼（AR 和 MR 效果的区别前面的章节已经详细分析过了）。

AR/MR 是体验式营销的突破点。下面让我们来看看什么是体验式营销，以及体验式营销与 AR/MR 的结合。

● AR/MR 与体验式营销

《体验式营销》一书的作者柏恩德 · H · 施密特将其提出的五种类型的体验形式称为战略体验模块，以此来定义“体验式营销”：通过看、听、用、参与的感官手段，充分刺激和调动消费者的感官、情感、思考、行动、联想等感性因素和理性因素，这种方式重新定义和设计了一种思考方式的营销方式。这种

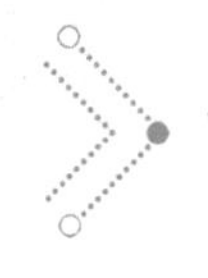

思考方式突破传统上“理性消费者”的假设，认为消费者消费时是感性与理性兼备的，消费者在消费前、消费时、消费后的体验，才是研究消费者行为与企业品牌经营的关键。

传统的体验式营销中，所谓体验“experiences”就是人们相应某些刺激“stimulus”（例如，是由企业营销活动为消费者在其购买前与购买后所提供的一些刺激）的个别事件“private events”。而 AR/MR 相比于个别事件具有一些新的特征和优势。

AR/MR 让复杂行业在体验式营销方面找到了新机会。体验性行业被看作复杂行业，复杂行业的体验式营销，通常需要策划活动来完成，例如 3C 产品需要体验式的发布会、汽车产品需要试驾等活动、饮料的味道需要调研等。而现在，AR/MR 可以通过游戏的方式打破时空界限，不需要通过活动也可以进行体验。尤其是当前 SCRM 开始培养用户在互联网上的黏性，SCRM+AR= 品牌忠诚度 + 用户体验，对于复杂行业来讲，AR/MR 能够让体验、调研变得更简单。AR/MR 可以连通线上和线下，通过线上互动和 LBS 定位进行签到、引导线下体验。日本的 ibutterfly 项目，借助了 LBS 技术，将各个街区的购物优惠券变成一只只虚拟蝴蝶，用户下载 ibutterfly App，利用手机上的摄像头捕捉蝴蝶即可获得相应优惠， AR/MR 不仅能用来捕抓小精灵，还是贯通线上线下体验的结合点。

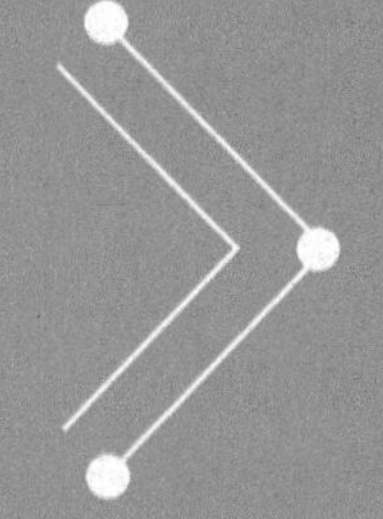

展望未来

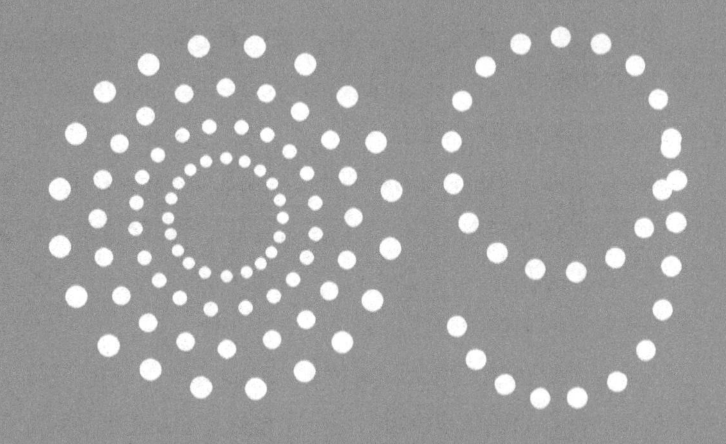

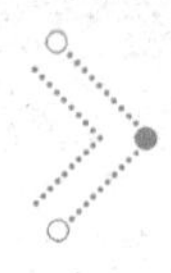

硬件还远未成熟，相应的软件内容也匮乏，虽然大批创业者涌入进来，不过实效还是不够显著，这是 VR/AR/MR 的现状。看起来大家都很努力，不过还要怎样去做，才能更有效地促进 VR/AR/MR 的普及？

像谷歌、微软这样作为领头羊的巨头，采用的是平台化的战略。推行兼容平台，从而集结更多相关厂商的力量；而它们自己也在研发硬件，同时竖立榜样。

我们知道，谷歌发布了安卓系统上的 VR 平台 Daydream（白日梦），又发布了两款符合 Daydream-ready 规格的手机 Pixel/Pixel XL，以及一款名为 Daydream View 的手机 VR 盒子。

微软也发布了 Holographic 平台，可令不同 VR/AR/MR 设备串联。又发布了全新的 Windows10 VR 头显（如图 9-1 所示），除了支持 VR 以外，用户还可以使用这款眼镜体验到 MR。据悉此款头显微软将会和合作伙伴惠普、戴尔、联想、华硕和宏碁一起进行销售。

大公司催熟市场，小公司可以根据自身特长，发挥创意，见缝插针，在夹缝中生存。事实上现在的市场也是一片蓝海，机会还有很多。

本书在前面已经对涉及 VR/AR/MR 的各行各业进行了详尽地介绍和分析，如何创业，还有创投，相信大家会有自己的答案。

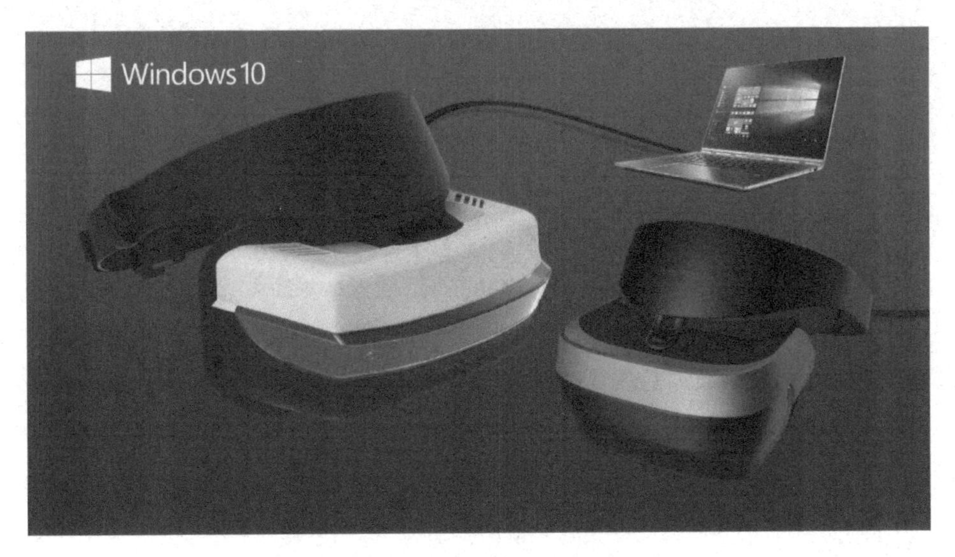

图 9-1 Windows10 VR 头显

另外，对于我们消费者而言，VR/AR/MR 就是我们想要的吗？我们还可以有什么样的期盼？

像在一些科幻小说、科幻片中的探索、思考一样，随着 VR/AR/MR 技术的逐步应用，将给我们人类带来各方面的社会问题，值得警醒。

如法国作家让 · 博德里亚尔的《完美的罪行》以独特的视角透视了后现代社会虚拟取代现实的严峻境况：符号与现实的关系日益疏远，模拟物取代了真实物，拟像比真实的事物更加真实；在这样的境况中，人与现实的关系变得令人怀疑，虚拟的社会现实变成一种“完美的罪行”……看看《盗梦空间》中那些接受实验的老人，也许有一天我们入梦，是为了醒来……或者看看《黑客帝国》那一位叛变者，对于他来说，现实世界怎样糟糕并不重要，他只想在虚拟世界中有好的“生活”……

随着科技发展越来越先进，计算机模拟的虚拟世界也越来越真实，很容易让人沉浸不能自拔，虚拟现实技术会不会成为人们的一种精神鸦片，从而忽略了真实生活。我们又该如何处理新的人际关系？

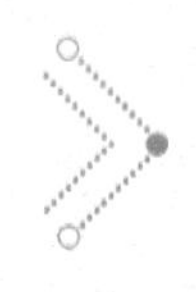

9.1 VR 火热下的冷思考

虚拟现实火了，彻底地火了，各大巨头从未像现在这样热情地拥抱虚拟现实技术。2015 年时有人说 2016 年将是虚拟现实之年，从索尼到微软到腾讯，各大游戏厂商都已经纷纷在自家的新产品中接纳该技术。

甚至连三星、谷歌、HTC、Facebook 等这些未涉足游戏市场的大型科技公司也开始谋篇布局，暴风、爱奇艺、乐视等传统视频网站也宣布开始发展虚拟现实业务。但一切事物都需要理性的思考，在这一片叫好声中，我们或许需要冷静下来思考一些问题。

1. 入门门槛降低，核心技术难题凸显

虚拟现实（Virtual Reality，以下简称 VR）是由美国 VPL 公司创建人拉尼尔（Jaron Lanier）在 20 世纪 80 年代初提出的，直到 Facebook 对 Oculus 的收购激发了这一轮的热潮，重新成为众多资本、媒体和用户热烈追逐的“香饽饽”。

谷歌 Cardbord 盒子方案的出现则进一步拉低了这一技术的体验门槛：两个光学透镜加上一个硬纸盒，手机就可以直接改造成 VR 设备，并且用户甚至可以通过 3D 虚拟实境全景影像手机拍摄程序“Cardboard 相机”自行拍摄 VR 有声照片。

虚拟现实技术仿佛一跃成为国内零门槛创业的圣地，各种采用眼镜盒子方案的 VR 硬件设备如雨后春笋般涌现。但 VR 技术是综合多方面的技术，很多细分技术不会用得很深，但一定都会涉及。

做 VR 硬件设备完全是一个从 0 到 1 的过程：例如屏幕的清晰度不够产生的颗粒感、画面延迟导致的眩晕感、实际体验中缺失的沉浸感这些都是目前 VR 尚待解决的问题，哪一个都不简单，哪一个都可能耗时数年来完成，但 VR 真正发展也就这一两年的时间。VR 的核心技术积累较少，虽说最近一些创新技术时有浮现，但技术积累比技术创新更重要，而这一切最根本、最直接影响消费者的永远都是用户体验。

被称作 VR 先行者的暴风魔镜第一代产品就被用户反映画质粗糙、眩晕感强烈，玩了几分钟就坚持不下去了。根据行业数据披露，暴风开发的 VR 游戏下载量不到 1 万次，魔镜设备每天在线时长不足 20 分钟。VR 设备在用户体验上的缺失，很难给消费者一个戴上并持续使用的理由。

人眼视觉系统存在一定的限制。根据瑞利判据，人眼能分辨两点的极限距离是爱里斑的半径。要想有较好的体验，图像的刷新速率就要达到每秒 90 帧，而想要实现每秒 90 帧，就要达到每秒 20G 像素的渲染速度，还需要更好的光学系统和镜头阴影矫正以及提高渲染复杂性等。这些问题，都不是一般便宜的手机盒子和一体机能做到的。

2. 短时间内 VR 生态建设无从谈起

和手机一样，VR 要想持续发展下去，必定要建立生态圈。但目前由于硬件发展水平不够好，行业用户的体验大打折扣，VR 平台的商业价值短期内难以彰显。“行业标准的缺失也是 VR 平台生态崛起的一大掣肘。”焰火工坊的创始人娄池曾表示，现在做 VR 硬件和软件的团队完全是两拨人，要达成性能和效果之间的平衡，总有一方要先妥协。

VR 生态建设无从谈起的一项重要原因就是内容的匮乏，而内容的匮乏原因在于两方面，一方面是 VR 制作成本高，另一方面是技术的不成熟，技术的不成熟中的这一方面又回到了第一点上。

我们先来谈谈制作成本高的问题。从场景拍摄到后期处理，难度都很大，所以不要说在中国就连国外也没有几家公司可以去做真正的 VR 内容。我们目前所说的 VR 内容特指影片，就算是游戏或动画其制作成本与难度也不会低于影片的投入。据统计，目前国内现在的 VR 影片内容只有不到 2000 小时，而这 2000 小时，大部分仍是纪实类影片（如现场直播、记录等）。

在电影发展史上，摄影和放映技术的发明以及改进是内容得以诞生的前提。作为 VR 内容，游戏和动画相对比较容易创作，但是拍摄适用于 VR 设备的视频却并非易事。据国内最早开展 VR 影片创作的芭乐传媒介绍：现在拍摄情节相对复杂的 VR 故事片的主要困难有两点：第一，VR 摄影机无法实现变焦，移动拍摄也相对受限；第二，VR 摄影机的全景拍摄对场景布置的要求极高，且后期剪辑费事、费力，这都在很大程度上拉高了拍摄成本。关于 VR 影视方面，我们在后文中有专门的探讨。

一项新技术想要在大众消费市场普及，硬件设备并非最重要的因素。可以说，设备只是一个载体，而真正重要的是这个设备会给大众带来什么样的内容服务。所以虚拟现实的头盔必须与视频、游戏等内容相结合才能发挥显性效果。

VR 的核心在于内容，如果内容不好看，再好的技术也不能增加用户的

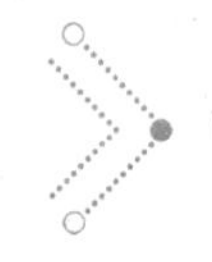

吸引力。遗憾的是，目前国内主攻 VR 内容的企业少之又少，跟硬件领域的热火朝天形成鲜明对比。资策会产业顾问兼副主任周世雄认为，虚拟现实初期虽以游戏、影音娱乐应用为主，未来将会有更多的垂直应用将兴起，如 3D 演唱会、VR 游乐中心、3D 虚拟运动赛事及应用于房地产等。

科技巨头们已竞相投资软硬件平台，发展多元化的应用与服务，虚拟现实的生态圈已初步成形，但是 VR 产业链比较长，生态体系还需要时间进化。虚拟现实现在所具备的产业基础、内容基础和开发环境基础都处于逐渐成熟的过程中，但受制于硬件发展的水平，爆发的拐点可能远未到来。

“在 2014 年时，我们便开始布局 VR 内容的初创公司。” 硅谷基金 Newgen Capital 联合创始人张璐表示，实际上内容初创公司并不一定是提供内容采集技术的公司，如有一家公司已经在过去 9 年采集了很多 3D 模型数据，现在其通过技术手段将这些内容直接转化为成 VR 内容，积累了一个巨大的内容数据库。“当各个 VR 平台成长起来之后，非常重要的下一步就是需要将 VR 内容直接融入到自身系统中。所以我们提前布局的 VR 内容数据库，可以非常迅速地和这些不同的系统与硬件平台结合起来。”她说道。另外从 VR 的泛概念来看，其愿景是让用户无论何时，身处何地，都可以构建一个虚拟的世界去做任何事情，包括实际物理空间难以企及的体验。“所以在 VR 内容领域，可能更大的一个应用体现便是在跨越地理位置限制方面，提供实际物理空间难以达到的体验。目前我们已经看到一些公司从这个角度出发进行创新，包括有公司利用 VR 技术传递外太空的信息，让用户在家里便能体验到外太空的景色等，都是很有趣的应用。”张璐进一步分析。

与诞生初期相比，虚拟现实技术从国防领域慢慢应用至如今的商用领域。根据 Digi-Capital 的一份预测报告可知，虚拟实境及扩增实境的产值将在 2020 年达到 1500 亿美元，带来极大的商机。

3. 虚拟与现实的较量

依据英国诺丁汉特伦特大学心理学家 Angelica Ortiz de Gortai 的说法，如果使用者长时间穿戴虚拟现实设备，那么他患上游戏迁移症的概率将更大。Gortai 教授通过研究发现，游戏迁移症的临床表现为：看东西时，会出现像素点；入睡时，会听到游戏的声音；有甚者，当虚拟现实设备穿戴者在高速公路上开车时，会下意识地进入躲避地雷的迂回行驶模式。随着 VR 虚拟现实设备不断地融入社会，游戏迁移症可能会变得越来越高发。

德国汉堡大学的研究者 Frank Steinicke 教授和 Gerd Bruder 教授将一位实验对象放置于沉浸式虚拟现实环境中 24 小时，并且每隔两小时就让实验对象进行一次简单的休息。志愿者除了会时常感到恶心之外，还开始有点分不清现实和虚拟世界。根据 Steinicke 教授和 Bruder 教授的研究报告显示，“在这次实验中，经过一段时间后，志愿者就对虚拟世界和现实世界产生迷惑，在看一些物品和事件时，分不清它们究竟是出现在现实世界中，还是出现在虚拟世界中。”

虚拟世界会影响真实生活的这个问题，对我们有着深远的影响。虽然游戏迁移症通常只是暂时性的，但如果有人在操作机械或是在开车过程中犯病的话，那结果将是致命的。

“缸中之脑”是希拉里 · 普特南（Hilary Putnam）在 1981 年的《理性，真理与历史》（*Reason, Truth and History*）一书中阐述的假想：“一个人（可以假设是你自己）被邪恶科学家施行了手术，他的大脑被从身体上切了下来，放进一个盛有维持脑存活营养液的缸中。脑的神经末梢连接在计算机上，这台计算机按照程序向脑传送信息，以使他保持一切完全正常的幻觉。对于他来说，似乎人、物体、天空还都存在，自身的运动、身体感觉都可以输入。这个脑还可以被输入或截取记忆（截取掉大脑手术的记忆，然后输入他可能经历的各种环境、日常生活）。他甚至可以被输入代码，‘感觉’到他自己正在这里阅读一段有趣而荒唐的文字。”有关这个假想的最基本的问题是：“你如何担保你自己不是在这种困境之中？”

《庄子 · 齐物论》记载：“昔者庄周梦为蝴蝶，栩栩然蝴蝶也，自喻适志与，不知周也。俄然觉，则戚戚然周也。不知周之梦为蝴蝶与，蝴蝶之梦为周与？周与蝴蝶则必有分矣。此之谓物化。”就是说，从前，庄周梦见自己变成了蝴蝶，感到无限的自由舒畅，竟然忘记了自己是庄周。醒后惊惶地发现自己是庄周，却又不知是庄周梦见自己变成了蝴蝶，还是蝴蝶梦见自己变成了庄周？影视作品里，《黑客帝国》《盗梦空间》《源代码》《飞出个未来》《异世奇人》《PSYCHO-PASS》《奥特 Q 黑暗幻想》第 3 话“你是谁”都对“缸中之脑”有描述。当虚拟现实技术发展到一定程度，你还能分清虚拟和现实吗？

4. 是否会成瘾

人们关注玩游戏上瘾这个问题已经有很多年了，但直到今天，很多国家的

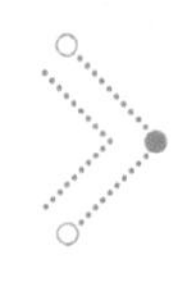

官方心理机构还是没有把玩游戏成瘾归入到精神疾病的范畴。但随着沉浸式虚拟现实设备的日益平民化，越来越多的人开始担心，我们是否会沉溺其中，无法自拔？毕竟游戏再加上 VR 设备本身独一无二的体验，还是很有杀伤力的。

5. 现实中的隐患

佩戴 VR 虚拟现实眼镜后最大的一个隐患，也是最不可避免的一点是：你的眼睛被完全蒙上了，看不到现实周围的情况。一旦你完全沉浸其中，你也将被现实生活完全剥离出去。如果在现实中摔倒，也是很轻的伤害。当初任天堂 Wii 游戏机第一次出现在市面上时，就发生用户经常意外打破电视机的情景。

试想，如果你在家无聊，独自一人沉浸在虚拟现实当中，特别是在玩那些需要追踪的游戏时，危险将变得无处不在。如果你的设备上还通过许许多多的数据线连接着你的笔记本电脑或是游戏机，比如 VIVE，那就更危险了。

9.2 VR 对文化的冲击

人们或许只知道圣埃克絮佩里是《小王子》的作者，然而在他的《风沙星辰》中，有一篇《飞机》，里面有这样的段落："是时候应该让科技发展回归初衷了。真正的完善是机械一边完成着它所应尽的职责，却一边淡出人的视野。真正的完善不是当你无法添加新的功能的时刻，而是你已经无法在其中减去任何功能的那个瞬间，到那时机械本身早已彻底地融入我们的日常之中，如同被海水打磨的石子一般，让我们甚至无法察觉到我们在使用它。"

如今有一种科技，很可能完美地印证他的"预言"。当你戴上它们时，已然辨别不出虚拟与真实。沉浸式的交互在你的脑海里勾勒出多维的空间。在那里你化身远古战士打败城堡里的怪兽；你看见真实的梦境；你还可能成为泰坦尼克号上的游客，为 jack 和 rose 拍照片。一句"生活不止眼前的苟且，还有诗和远方"道出不少人对理想世界的追寻，然而这个理想的世界恰恰是有别于现实世界的虚拟世界，以往人们只能通过想象来构建虚拟世界，而最近兴起的虚拟现实技术却让这虚拟世界具象化，或许我们拆分"虚拟现实"四个字就清楚了——虚拟变成现实（如图 9-2 所示）。

举一个成功的例子，美国国家多发性硬化症协会与好莱坞数字特效电影公司 Luma Pictures 合作搭档，为两名患有多发性硬化症的人士成功创造了自定义虚拟现实体验。在另一个时空，瘫痪病人也能起舞。革命同样发生在教育领域，来源于信息载体的变化。课堂不再是四四方方的教室，按下一个按钮就可以得到远程有一对一的教育。人们得以用机器辅助进行换位思考，从而减少社会犯罪的发生或者对减肥建立信心。

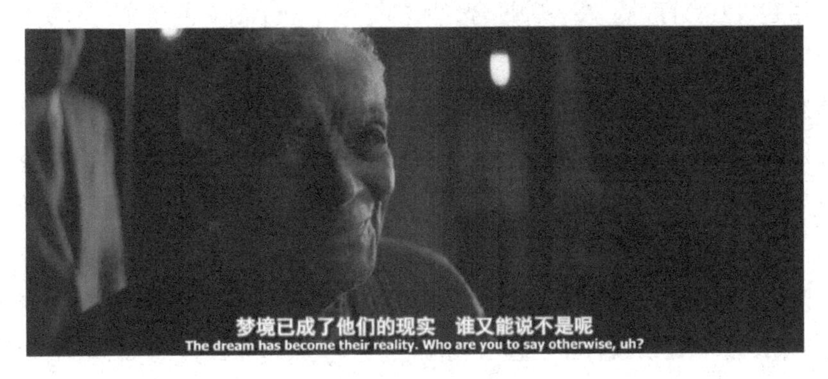

图 9-2《盗梦空间》截图

1. 第二代虚拟互动构建技术

如果说互联网是第一代虚拟互动构建技术，那虚拟现实则是第二代。Wagner James Au 在发表在《连线》杂志的一篇文章中表达了对虚拟现实存在一种隐约的担忧，他担心虚拟现实会变成人们的一种精神鸦片，让人们更容易忽略现实中真实存在的问题和人际关系。一部名为《Uncanny Valley》(《恐怖谷》)的阿根廷短片，又提出了人类对 VR 隐隐的担忧。《恐怖谷》男主角是贫民窟的苦力，VR 游戏世界对他来说才是唯一愿意面对的现实。在一次游戏中突发了程序 BUG，男主角看到游戏世界竟是和现实中的战场同步，自己操作角色的同时，竟然在同时操作着真实的兵器，在战场上厮杀。而从《恐怖谷》的主题来看，编剧的观点：未来人类会对 VR 上瘾，有被 VR 运营商利用的可能。

早在 2012 年，Facebook 推出其最失败产品 Facebook Home 的时候曾经出过一个宣传片，其中一个场景是两位好友在同一个社交场所出现时用 Facebook 互相分享照片。该宣传片后被网友讽刺为：Facebook 鼓励人们在同一个屋子里面对面的时候也要在手机上交流。

人类从树上下到地面，开始从“附着树木直立”到俯身爬行是第一次，它让人类开始了在地面的生活。接下来，人类开始直立了起来，是第二个动作。第三个动作是人类学会了“握”，他们开始握着劳动工具进行劳动。这第三个动作的完成，也就是人们直立着、并握着手的动作，人类可能花了亿万年才完成，并围绕这两个动作，才产生了人类社会和人类社会的人伦关系。然而这一切，却险些被第四个动作，轻易毁掉。第四个动作，智能手机时代的动作，它的作用是极其负面的。在各种场合，人们开始了一个低头的动作，不仅低头，不仅不直立，他们也不再“握”，这两个人类经过了亿万年才形成的动作，不论是握手还是拥抱，还是别的什么，他们伸直了手掌，改为伸出食指，指指点点，不停地点击一个小小的屏幕。之后，他们不再关心彼此，不再在意别人的感受。在公司，不再顾及领导的感受；在家里，不再管顾父母、孩子的孤独；在路上，看不到车辆、行人，还有乞丐。

以往，我们热衷于聊天，热衷于社交，热衷于去跟人握手、拥抱，擦干别人的眼泪，去帮助别人，去扶起倒下的人，去运动，去休闲，去拿起各种器械。现在我们什么都不干，我们一味热衷于低着头、用食指点击。很多时候，我们再也看不到发生在身边的一切，因为我们始终低着头，没有时间抬起头去看。我们也腾不出手去做更多的事。所以，毫无疑问，因为智能手机的出现，因为它所造成的这一个低头、点击的动作，人类亿万年来所形成的人伦关系已经在某种程度上被无情打破。由此形成的人类关系，自然也被毁坏得支离破碎。人们开始变得更加孤独、更加隔离。

一个调查显示，在接受调查的 30 个国家中，每天平均要花 6 小时 50 分钟在看屏幕上，而花在屏幕上时间最长的是印尼人，达到了每天 9 个小时。中国排第三，总时间达到了 8 小时。最短的是意大利人，只有 5 小时 17 分钟。而这些屏，主要是指智能手机屏，因为移动应用分析公司 Flurry 的数据显示，人们花在手机应用（App）上的时间已经超过了计算机。特恩斯市场研究公司（TNS）最近的一项研究显示，在全球 16~30 岁之间的用户每天使用手机的时间，平均为 3.2 小时，而中国手机用户的平均使用时间为 3.9 小时。是否已经能说明问题？花了这么多时间在手机上，除去睡觉和工作，还有多少时间实现真正意义上的感情交流，去提升人类长期以来建立并努力维系的人与人之间的关系？

然而显而易见的是，目前互联网连同智能终端（手机、PAD 等）已然构建出一个庞大的虚拟互动网络，网络互动成为人们进行社会互动的主要方式之一。

网络互动本应是现实互动的补充，以弥补时间和空间上的不足、扩大互动范围，但实际上网络交往对现实互动造成了巨大的冲击，甚至一定程度上取代了现实互动，沉溺于虚拟社交网络中的案例屡见不鲜，朋友、家庭聚会变成微信交流，“微信相亲”已成常态。本来面对面的交流却用网络互动，本末倒置。

我们创造了工具，工具也反过来塑造了我们。我们正变得越来越懒：科技的进步已经渐渐让我们几乎忘记了不断精简的流程的根源，就像是你不会去思考心脏是如何跳动的一样，它们变成了一个理所当然的存在。问题的答案，全息技术都能告诉你，基于千万比特的数据。科技的泛滥性，也许是让我们停顿下来思考的砝码——就像当初智能手机引起的巨大争议一样。我们的确拥有了哪怕只是几十年前的人们都难以想象的便捷生活。信息技术带来了爆炸的知识，也压缩了隐私的空间，让每个人都有可能在一夜之间成为舆论的攻击对象。如今在聚餐之前，每个人都低头浏览着社交媒体的动态，以至于我们的口头表达开始在生活中退场，成为配角。越来越多的时间，我们“一起孤单”。

人际交往中包含了语言信息和非语言信息的交流，网络互动只能传达语言信息，而虚拟现实相较网络，在各种套件的帮助下，更能模拟面对面的交流，包含了更多的非语言信息。通过虚拟现实技术，将绘制我们的一举一动，包括我们的面部表情。在某些情况下，它将自动生成动作，像是一边走路，一边模仿我们脸部、头部、手部和四肢的动作。即使你和她分别在地球的两端，也能面对面拥抱。

“视虚拟现实为一种安抚全世界穷人的工具，这种想法狭隘得骇人听闻。”麻省理工学院大众传媒中心主管伊森说。Oculus 的创始人帕尔默 · 拉奇经常说：“每个人都想过得幸福，但让所有人得到他们想要的所有东西是不可能的。”但是，虚拟现实可以为数十亿人呈现所有那些富人们视为理所当然的东西的虚拟版：徜徉卢浮宫，扬帆在泛着金光的加利福尼亚海岸，或者只是坐在一片草地上，仰望头顶纯净湛蓝、没有雾霾和污染的天空。他说：“虚拟现实可以让任何人在任何地方拥有这些体验。”我们搁置现实问题，任其堆积恶化，而这只是因为任何想要解决问题的意志都被更愿意躲进虚拟世界的人们截断了。“网络过度使用综合症”第一次被写入《精神疾病诊断与统计手册》2013 年的修订版附录里。人类可能避免自己对虚拟的现实“上瘾”吗？

当我们都躲在虚拟世界的时候，我们还愿意同外部世界连接吗？全球化的

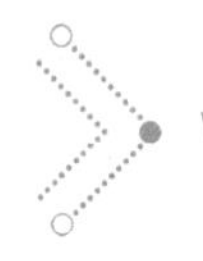

脚步也许会慢下来。人类的历史是一部加速度历史。时间支配着、定义着空间。由此，空间距离的重要性降低了。全球性大城市的特征是匿名性和非整合性。在都市生活的匿名性、实用主义的充斥之下，空间也被重新书写了。而现在，我们很难说，这样是好是坏。其实所谓的虚拟和现实，都在于我们的大脑，外在的刺激只是起因，感知才是虚拟现实的根本。大脑计算的和科技传送的所有东西都是“信息”，一个能够解释的思维需要有逻辑性。所以，神经科学与虚拟现实密不可分。站在这个角度，虚拟现实对于人类并不陌生。当我们的意识开始第一次脱离实体物质世界时，我们已经来到了虚拟之境。“世界脑”，以一种悄无声息的方式构造出一张巨大的网，没有人能够挣脱。《黑客帝国》里，人类由机器“生产”而来，终其一生都在“母体”中沉睡，而其思想在计算机虚拟出来的世界中。人们认为自己生活的实际就是真实的，直到有一天……（如图 9-3 所示）

图 9-3《黑客帝国》截图

2. 必然实现的一种趋势

在四十多年前，哈佛大学的哲学家罗伯特 · 诺奇克（Robert Nozick）就通过一个有影响力的思想实验探究了这个问题。他在 1974 年写道：“假设有一台‘体验机器’，能给你一切你所向往的体验。超级厉害的神经物理学家可以通过刺激你的大脑，让你觉得你正在创作一部伟大的小说，或者在结交朋友，抑或是在阅读一本有趣的书。而这期间，你其实一直都漂在一个水箱里，脑子上接满电极。你会选择接入吗？” 对于早在 2002 年逝世的诺奇克来说，答案显而易见：人们不会。他写道：“通过想象一台体验机器，并意识到我们不愿使用它，我们明白了在体验之外，自己还在乎一些其他东西。”但是，全世界实力最雄厚的一些公司——其中有脸书、索尼和谷歌——都在投入数以亿计的资金，意图大规模生产的实际上就是体验机器的产品，并且完全相信人们都渴望接入。谁“绝对”会接入？拉奇能算一个。他还说：“如果你问虚拟现实业界任何一个人，他们都会给出同样的回答。”

Philip Resodale 是虚拟在线世界 Second Life 的联合创始人，他现在正在开发一个新的虚拟世界 High Fidelity。Second Life 和 High Fidelity 都在试图创造一个类似 Neal Stephenson 的小说《 Snowcrash（雪崩）》中的 Metaverse 虚拟世界，上百万的人都通过虚拟现实设备进入这个虚拟世界，在这个世界里有着各种跨越了空间的交往，大部分的活跃用户每天花在 Second Life 里的时间要超过 6 个小时。现在网络互动已然造成对现实互动的冲击，那作为 2.0 版本的虚拟现实更会如此。斯蒂芬森的超元域蓬勃发展之时，现实世界恰恰正沉沦于苦难中：犯罪和社会混乱困扰着美国，经济崩溃席卷了几乎整个亚洲。在斯蒂芬·斯皮尔伯格（Steven Spielberg）正在改编成电影的 2011 年畅销书《玩家一号》（Ready Player One）中，穷人们生活在堆叠起来的拖车屋里，在他们悲惨的人生中，大部分时间都是在一个叫作“绿洲”（Oasis）的超元域里度过的。即使 Philip Resodale 和拉奇这样的创业者们建造了真正的超元域（Metaverse），现实世界仍要面对一个被不确定的经济前景和全球气候变化塑造的未来。Oculus 的首席科学家迈克尔·阿布拉什（Michael Abrash）说：“人们有个地方可以逃避，这难道不是件好事吗？”

虚拟现实社交网络会特别引人瞩目，因为它不仅能让人们以虚拟的人物与他人交互，还能以自己想要的样子呈现给世界。社会学中这些代表自己的虚拟替代者们可以是虚拟“克隆”——可看作是真人的虚拟人像，但身体更纤细、外表更年轻、穿着也更好看——也可以是用户们想象中的事物，或者还可以是根据想象创造的虚拟人像。

一旦用户习惯了自己所选的虚拟人像，他们便能够穿梭在虚拟空间中，将社交互动发生在不同的地方，可以是遥远的星球、深邃的海底，或是某个历史遗迹，只要你能说出来，它就能实现，与其他用虚拟人像展现自己的真实玩家进行社交性互动。

当虚拟现实设备发展到如手机般轻便、便宜，那在科技界，大家更愿意相

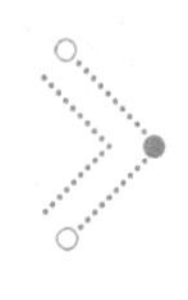

信如今 Mark Zuckerberg 的信念，那就是虚拟现实未来将成为数十亿人生活中必不可少的一部分。在那时，依靠虚拟现实技术支撑的虚拟人际交往将更加生动、普及。而随之带来的则是更加上瘾的体验，无法自拔。

最近很火的电视剧——《黑镜》中第二集《游戏测试》，男主角在虚拟现实游戏中度过了漫长时间的恐怖考验，而真实时间只有 0.04 秒。这是因为计算机每秒十亿次的运算已经超出了人的感知范围，媒介时间来临了。电报和报纸的诞生，被凯瑞称为“时间被压缩成一天的世界”，当下社会的时间更被压缩到极致。

用人工智能来类比虚拟现实技术。近些年人工智能的话题很热，从阿尔法狗以 4 比 1 战胜韩国棋手李世石开始，AI 已经不可小觑了。从《机械姬》里人工智能对人类情感的利用和戏弄，到《她》中同时爱着 8 个人类的虚拟人工智能，我们似乎看到人工智能智慧的发展，终将超越并抛弃人类。曾经用来检验人工智能的图灵测试，被看穿的可能性已近在眼前。《西部世界》中人类对 AI 的检测和询问，还在沿用图灵的老路，但女主角早已学会欺瞒和伪装，说着“不会伤害任何生命包括苍蝇”的 AI 女主角，在第一集结尾，毫不犹豫地拍死落在脸上的苍蝇的画面，直叫人倒吸一口凉气。

《黑镜》的编剧布鲁克说：“黑镜指的就是我们身边无所不在、大大小小的屏幕，它们在待机状态下呈现一种冷冰冰、黑森森的样子，就像一块块黑色的镜子，让人有一种隐隐的担心，不知道它们会照射出一种什么样的信息，是福还是祸。”

最后笔者想说的一句话是：技术本身无所谓好坏，它有将人类带向美好的乌托邦的潜力，也有使人类社会分崩离析的破坏力，最重要的，是正在使用技术的你。

—— 感谢名单 ——

本书完成编著离不开以下人物、机构的大力支持
（排名不分先后）

人物

诺亦腾副总裁 **陈楸帆** 先生

《VR价值论》 **蒲鸽** 女士

uSens软件项目经理 **王元** 先生

澎湃新闻记者 **潘妤** 女士

机构

VR世界

VR日报

明日世界

VR看天下